U0161679

中国陶瓷史

中国史略丛刊

吴仁敬 辛安潮［著］

图书在版编目（CIP）数据

中国陶瓷史 / 吴仁敬，辛安潮著. -- 北京：中国书籍出版社，2022.1

ISBN 978-7-5068-8765-6

Ⅰ. ①中… Ⅱ. ①吴… ②辛… Ⅲ. ①古代陶瓷—工业史—中国 Ⅳ. ①TQ174-092

中国版本图书馆CIP数据核字(2021)第215545号

中国陶瓷史

吴仁敬　辛安潮　著

策划编辑　牛　超
责任编辑　王星舒
责任印制　孙马飞　马　芝
封面设计　东方美迪
出版发行　中国书籍出版社
地　　址　北京市丰台区三路居路 97 号（邮编：100073）
电　　话　（010）52257143（总编室）　（010）52257140（发行部）
电子邮箱　eo@chinabp.com.cn
经　　销　全国新华书店
印　　刷　中煤（北京）印务有限公司
开　　本　880毫米 × 1230毫米　1/32
字　　数　101千字
印　　张　4.5
版　　次　2022 年 1 月第 1 版
印　　次　2022 年 1 月第 1 次印刷
书　　号　ISBN 978-7-5068-8765-6
定　　价　38.00 元

白陶罐

白陶刻回纹簋

白釉绿彩锥拱云龙纹碗

白釉鱼篓式罐

彩陶花叶纹曲腹钵

彩陶水波纹钵

当阳峪窑白釉剔划化妆土缠枝菊纹缸

德化窑白釉鹤鹿仙人坐像

登封窑白釉珍珠地刻划虎纹瓶

定窑白釉铺首耳双系罐

斗彩卷草纹瓶

粉彩婴戏图瓶

粉彩折枝梅纹盖碗

缸瓦窑白釉剔划填黑釉牡丹纹

哥窑灰青釉贯耳罐

官窑粉青釉弦纹瓶

官窑粉青釉长方花盆

花釉罐

祭蓝釉象首衔环琮式瓶

钧窑玫瑰紫釉葵花式花盆

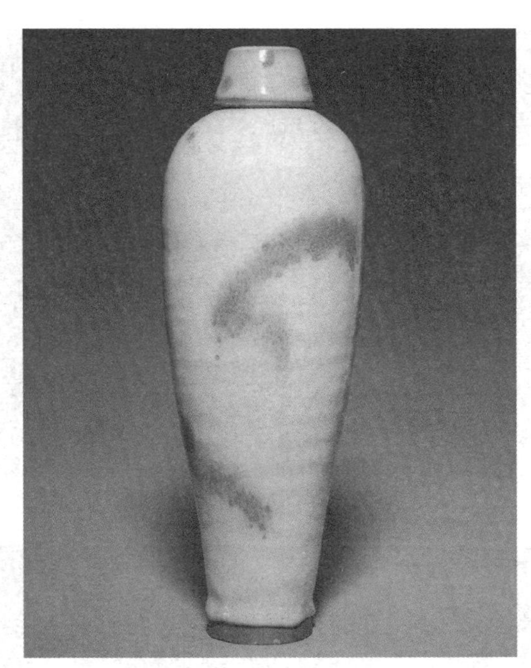

钧窑天蓝釉紫红斑带盖梅瓶

钧窑月白釉紫红斑双耳三足炉

里外浇黄釉锥拱海水云龙纹碗

龙泉窑青釉塑贴花边条带纹盖罐

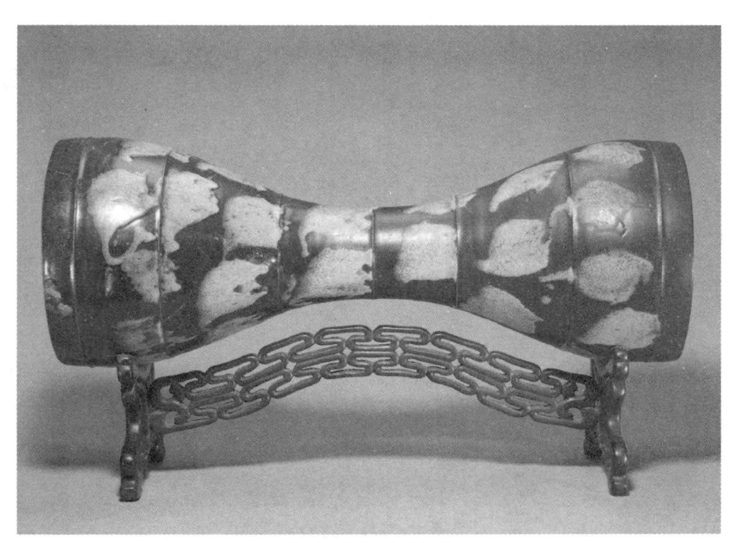

鲁山窑花釉腰鼓

绿地粉彩开光花鸟图方瓶

青花缠枝花纹碗

青花山水罗汉图钟

青花松竹梅图罐

青花云龙纹梅瓶

青釉戳印菱形网格纹双系罐

青釉刻划花草纹人足樽

青釉六系盖罐

青釉六系盘口瓶

三彩仕女俑

三彩鱼形壶

松石绿地粉彩花鸟图圆盒

五彩锦鸡牡丹图筒式瓶

五彩开光花卉图桶式瓶

五彩鱼藻盖罐

五彩云鹤八吉祥纹罐

西村窑青白釉凤首壶

耀州窑青釉刻缠枝莲纹双耳玉壶春瓶

耀州窑天青釉塑贴摩羯纹花形碗

宜兴窑天蓝釉仿古铜纹尊

宜兴窑天蓝釉凫式壶

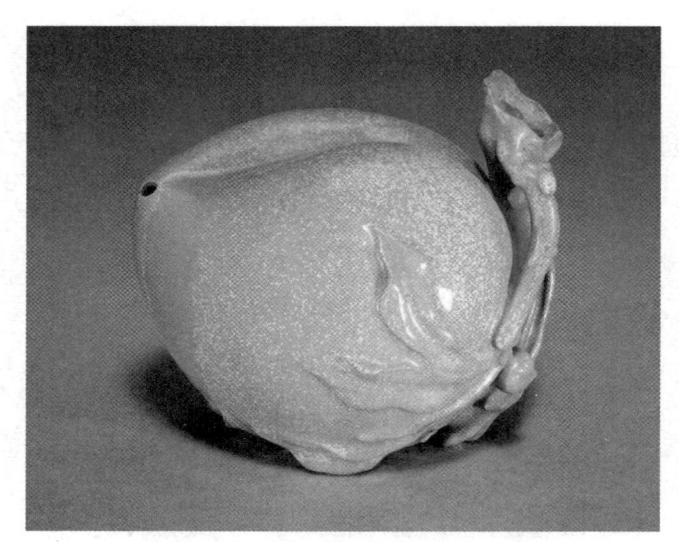

宜兴窑天蓝釉桃式水注

长沙窑青釉彩绘花鸟图执壶

自序

中国陶器，发明于伏羲神农之时，而瓷之名称，则始于汉代，真正成功于李唐。宋世，瓷业大盛，定、汝、官、哥、均，垂名千古。明人继之，宣德、成化之作，尤为特出。清代，则古雅浑朴，不如前人，然精巧华丽，美妙绝伦，康、乾所制，更有出类拔萃之慨。

欧人自 18 世纪仿造瓷器以来，精益求精，一日千里，而我国墨守旧法，陈陈相因，且又为匪乱、苛税所苦，致使营业不振，喧宾夺主，各处销场，尽为洋瓷所占，瞻念往昔，何胜感慨！

吾国关于陶瓷之书，素少著述，明、清两代，偶有作者，然各言其所言，漫无体系，未足称为善本。至于陶瓷史之著作，则至今尚无有撰述之者。夫数典而忘祖，古人所讥，今陶瓷有数千年之历史，尚无专史记载其事，岂但数典忘祖，亦且无典可数，无祖可述，此岂非吾国人之大耻耶？

惟吾国陶瓷沿革情况，至为复杂，欲夷考其事，作一整齐划一有系统之记述，诚非易易。作者，秉上述意旨，从事编纂，参考图籍，有数十种，分门别类，广为搜罗，或取诸古人典籍，或取诸公家统计，或译自外人著作，或参考私人记载，其犹有不足者，则又实地调查，以求正确，以求充实。稽核内容，关于陶瓷之起源，各代瓷器之发明及种类，制瓷之名窑，釉色之变迁，装饰之进步，制瓷之名家，品瓷之著作等，均有详细与扼要之记述，使数千年之陶瓷史实，兴废盛衰之迹，一目了然。读者手此一书，洞晓瓷业兴衰大概与其原因，则于改良及发展之前途，当知所措矣！

发展瓷器，瓷之本质，固极重要，而瓷上花纹之装饰，尤为先务，关于此点，不在瓷史内，作者吴仁敬另有《绘瓷学》一书，不久亦将脱稿，将来出版后，读者可以参阅。

作者学识不博，遗漏之处，自所难免，如有大雅，辱以指教，俾资改正，实所希盼！

中华民国二十四年十一月写于南昌

目　录

【第一章】

原始时代

上古之民，穴居野处，茹毛饮血，与禽兽无异，毫无知识可言，其对于一切之努力，大都以饮食为中心耳。食物既为当时努力之中心，则凡对于饮食有关系者，初民必当竭尽精力以求之，于是釜瓮之属，因需要之急迫，渐有发明矣。初民，因生食之致病也，乃求熟食之方，因食物之易腐败也，乃思久藏之法。其初，则抟土为坯，日晒干之，成为土器，及神农伏羲时，则掘土为穴灶，以火烧土，使成为素烧（土坯干后，未上釉药，即以火烧成，谓之素烧）之陶器，用以烹饪，用以贮藏。考《路史》云："燧人氏范金合土为釜"，《周书》："神农作瓦器。"《物原》："神农作瓮。"由上述诸书观之，则燧人氏，钻木取火，范金合土为釜，茹毛饮血之苦，神农作瓮，使民得以贮藏食物，免腐败之患，其福利于人民，为如何耶？且由此推知，燧人、神农二氏之前，必有类乎釜与瓮之雏形之物，为二氏所本，因采其旧法，而加以新意，以成釜与瓮之物，可断言也。而吾国陶器，发源在燧人、神农二氏之前，亦从可推知可断言也。特上古之时，文化不开，此时历史，缺乏记述，致令吾人今日，不能详细明晰当时之情形而悉举证之为可惜耳！然古人居此与禽兽为伍，浑浑噩噩，毫无外界知识足资凭借之际，竟能奋然特出，发明陶器，其脑筋灵敏之程度，诚令吾人无任惊异与钦佩矣！

大略神农伏羲之时，所制陶器，只注重于食物，不暇其他。入后，则推而泛之，凡日用、送死、敬神、建筑之具，靡不陶器是赖，我人试一考察陶器进展之程序，足资证明。

黄帝之时，制衣服，造宫室，作书数，明射术，文物之盛，为前此所未有，陶器亦随其升涨之衡度，而迅速的进展。《史记》："黄帝命宁封为陶正。"《吕氏春秋》："黄帝有陶正昆吾作陶。"

《说文》："昆吾作陶。"由此观之，黄帝至设陶正之官，（英人波西尔（S. W. Bushell）因黄帝始设陶官，令宁封为陶，乃误认黄帝为始发明陶术之人，其著之皇皇巨作《中国美术》即以此为立论。）以专制陶器，用国家之力而经营之，则陶器发展之程度，与关系人生之重要，可想见矣，而后世设官窑，实滥觞于此也。

宁封、昆吾作何种陶瓷，今不可考，《列仙传》云："宁封子为黄帝陶正，有人过之，为其掌火，能出五色烟，久则以教封子，封子积火自烧，而随烟气上下。"云云，此则虚诞荒唐，不可究诘，大抵黄帝时，宫室之制方兴，人事亦渐繁多，宁封、昆吾等所制之陶器，自必以瓦砖等类建筑物为先，而日用之碗碟等类次之。

此外，古书中，关于吾国古代陶器沿革之著述，亦散见颇夥，《物原》云："轩辕作碗碟。"《绀珠》："瓶缾同神农制。"《春秋正义》："少皞有五工正，抟埴之工曰鶅雉。"以上各书，虽非有统绪之记述，然亦因而可想见古代陶器发越之大概情形矣。

考最初之陶器，原系素陶，毫无装饰，后因文化日进，人民除解决生活问题之外，尚有余暇，无可消磨，于是人类内潜的爱美之欲望，沛然怒发，自然流露，而开始感觉到前此之只能适用于实用之物，大不美观，大为粗陋，不足以慰满其心意，故渐渐施加装饰于其上，以求达到爱美之希图。其次，则因当时之人，以食物为努力之中心，凡与食物发生关系之物，必视为最有意义与最可宝贵，所以目有所见，心有所悦，俱刻画于其上，以志欣幸与不忘。夫与食物最发生关系者，莫如釜、瓮、增、形（增形古代饮食器）等陶器，故初民之装饰，悉萃于陶。又其次，则因为记忆上之便利，而描上物形，以资辨认，如斧槌上之刻兽形，水罐上之描水纹，使一见即知其何者为搏禽兽之物，何者为盛水之具，可以不致误认。此外，则为了告知他人及后代，而刻上物形，亦是一大原因，我们试看近年来出土之古代陶器，即可知矣。

本章参考图书

《史记》
《吕氏春秋》
《列仙传》
《陶说》卷二 朱琰著
《景德镇陶录》卷十 蓝浦著 郑廷桂补辑
《中国艺术史概论》 李朴园著
《中国美术》 波西尔著 戴岳译
《世界美术全集》别卷 陶瓷篇 平凡社编印

【第二章】

唐虞时代

自黄帝以后，至唐虞时代，号称郅治之世，声化文物，渐臻发达，可谓集古代之大成。又其时，宗法社会之思想，渐次产生，敬祖尊天，为当时之中心思想，如舜之不得于父，而号昊天，不告而娶，以延嗣续，成为当时之标准人物，足以概想当时之一般思想矣。故陶器一面随文化而进展，一面则受宗法社会之思想所支配，而努力出产一种敬祖尊天之陶器，以供祭天祀祖之用。如泰尊、虎彝、鼎、瓦豆、瓦旊等物皆是也。《仪礼》："公尊瓦大两用丰。"（原注，瓦大，有虞氏尊）《礼记》："明堂位泰尊，有虞氏之尊也。"可见矣。故吾人倘于此时，为之划分时代，则唐虞以前之陶器，可谓之为实用时期，唐虞时之陶器，则可谓为宗法化——或礼教化——之时期。

唐虞之时，亦踵效黄帝设陶正之法，设官置人，专治陶器。《史记》："舜陶河滨，器皆不苦窳，作什器于寿丘。"是也。《考工记》："有虞氏上陶。"（原注，舜至质，贵陶器，甒大瓦棺是也）《韩子》："尧舜饭，土熘啜，土形。"《韩诗外传》："舜甑盆无膻。"（原注，膻，即今甑箄，所以盛饭，使水火之气上蒸而后饭可熟）是唐虞之时，甑也，饮食器也，瓦棺也，祭器也，凡养生送死之具，几无不尽备，其陶器发达之程度，大为前代所望尘莫及矣。

考《吕氏春秋》云："尧命质，以麋鞈置缶而鼓之。"缶者，何物耶？案《史记》载：秦王赵王，会于渑池，秦王令赵王鼓瑟，蔺相如奉缶而进，令秦王击缶，则是缶者，乐器也。今尧以麋鞈置缶而鼓之，则此时之陶器，不特超越实用之范围而入宗法时期，且产生乐器，以陶冶人之性情，涵养人之心灵，使人于物质享受之外，而有精神上享受矣。

尧舜垂拱而治，天下太平无事，故陶器之装饰，亦因人民之有闲而增加，较前代大进。如泰尊、虎彝、蜼彝等神器，上面俱绘刻虎蜼等形，以供观赏。

本章参考图书

《仪礼》
《礼记》
《史记》
《韩非子》
《吕氏春秋》
《考工记》
《陶说》卷二 朱琰著
《景德镇陶录》卷十 蓝浦著 郑廷桂补辑
《中国美术史》 大村西崖著 陈彬龢译
《中国艺术史概论》 李朴园著
《支那陶瓷の时代的研究》 上田恭辅著

【第三章】夏商周时代

尧传天下于舜，舜传天下于夏禹，禹则传天下于其子，为家天下之始。夏传至桀，暴虐无道，商汤因放逐之，自立为帝，以征诛得天下者，盖自汤始。商得天下六百余年至纣王。武王伐之，纣自焚死，于是天下归于周，八百余年而后亡。

在此千数百年间，人民因有前代之文化，遗传在人间，而当时之人君，除桀纣之少数无道外，又大都能行仁政，爱人民。故在此物阜民康之下，声化文物之发展，异形膨胀。又一方面，则因桀纣，穷奢极欲，修造宫殿，备建筑所用之砖瓦与供日用之杯盘等类，需用必多，故此种陶器，当亦有一种畸形之发展。

夏代，因宗法思想渐次浓厚，且当时天下，既为属一家之制，故宗法制度，亦渐次完密，所以除日用饮食等陶器之外，以鼎、彝、罍等祭祀所用之物为最占势力。其器多以陶木制之，上面多用云纹雷纹装饰。盖古人以天为具有莫大之威权，而天上之云雷之类，则认为乃天上喜怒之表示，亦以为有不可思议之神秘存其间，故于此最贵重之器上，描此最神秘之物，以为珍璧。我们观于此更古之世，以云纪官，以火纪帝，亦是与此同一之用意，而此则以云雷饰器，实为人智开益不少矣。

商代，各种工艺，渐进渐繁，乃设分工之制，将工艺分为六种，各专一职，以主其事。所谓六工，即（一）土工，（二）金工，（三）石工，（四）木工，（五）兽工，（六）草工是也。土工者，即专于制造陶瓦之器，六工之中，以土冠首，此犹昔人“士农工商”之以士冠诸业之首，同一意义也。据此，可见当时陶器之重要，实为诸工艺中之巨擘矣。此时之陶器，有以卐纹连续模样及星云鸟兽等便化物状装饰于其上，以为美观，现代所流行之图案画，吾国数千年前，即盛行之，前人智慧过人，实可骇异矣。

周代文化，为夏商所不及，陶器之完美，亦为前代所不及，可谓陶之由来，详于虞而备于周，周仍商旧，亦是分职；其中所谓抟埴之工，即是主持陶事，其中又分为二类，一曰陶人，用陶钧（陶钧，即今制圆器所用旋转之辘轳）制甗鬲之类，所掌皆坎器，二曰旊人，用模型制簋豆等物，所掌皆礼器。周代陶器，除前代所遗之外，尚有瓽、罐、卮、瓦旊、大尊、大罍、甒、缶、壶、甑、甗、瓿、瓮、鬲、庾、豆、登、瓴、甂等器，为祭祖祀神炊烹饮食之用。不可考者，尚属不知凡几，可知周代陶瓷之完备矣。

周陶，多以花叶粗线为饰，龙凤夔蜼云等花纹，亦多绘描于其上，装饰之范围，取及花鸟，审美之程度，实为进步甚多。周之陶器，又有牺象，山罍，陈列于明堂，所谓牺象者，尊为象之形也，山罍者，罍上刻画山云之状也。古人以山川土地为宝，刻山形于罍上，则又审美范围之外，而加入“得之足荣，保之足易”一种纪念与警诫之意义。

制陶之人，在周代可考者，为虞阏父，《左传》：“虞阏父为周初陶正，武王赖其利器，与其神明之后，妻而封于陈。”一陶工之官，至妻帝室之女，且封为诸侯，此一方面，固可推知当时陶器关系之重大，而另一方面，则因其报酬之丰富，令今日餬口维艰之工艺家，艳羡之余，不免有“我生不辰”之感。

周末，春秋时，越人范蠡与文种佐其君勾践，灭吴兴越，蠡因见勾践可与共患难，不可与共安乐，免为功狗之烹，遂弃官以遁，蠡为人，长于智计，隐居不用非其本意，故出其余智，以示特异，藉自娱乐，凭以消遣，如大名鼎鼎之“陶朱公”即蠡隐后之更名也。吾国现在瓷业，除景德镇执举国之牛耳外，江苏之宜兴，亦与景德镇相埒，而宜兴之瓷业，即为范蠡所创始，今蜀山之西，尚有地名为“蠡墅”者，盖即其别墅之故址也。相传范蠡居此，见近旁有土，黏力甚强，且耐火烧，可制陶器，乃制为器皿，筑窑以烧之，今蠡墅附近有地名“蠡丘围”者，尚有古窑十余座，盖当时之遗迹也。

唐虞之时，已知用朱色饰陶，以为美观，至夏商周三代则用色较为进步，如第十图所示，为三代时古墓中所掘出，使用白粉、朱、黄、青等色画成，较之后世，自属古拙，较之前代，则不能不谓为精美也。

本章参考图书

《周礼》
《左传》
《天工开物》 宋应星著
《陶说》卷二 朱琰著
《中国艺术史概论》 李朴园著
《中国美术史》 大村西崖著 陈彬龢译
《中国实业志江苏省》 实业部国际贸易局编
《世界美术全集》别卷 陶瓷篇 平凡社编印
《陶器の鉴赏》 今田谨吾著
《支那陶瓷の时代的研究》 上田恭辅著

【第四章】

秦汉时代

嬴秦氏，兼并六国，统一天下，分天下为郡县，将古来封建藩王之制度，破坏无余，传至二世胡亥，各处兵起，刘邦以亭长，起于丰、沛，破秦灭楚，国号为汉。

秦始皇倾天下之力，经营宫殿，其奇巧伟丽，至今虽无遗迹可寻，然我们试取《阿房宫赋》一读之，则五步一楼，十步一阁，犹可于千载之下，想像其建筑之伟大，当时既倾国力于建筑，则砖瓦等类专供建筑之物，及宫殿内之日用器皿，当然亦必因需要之激增而发展而美术化。《金石索》收秦瓦十余事，其中有为鸟虫书法者，有中间为网目文者，有中作飞鸿形者，有中如太极两仪八卦形者……由此观之，秦代砖瓦之精美，不可言喻，又何怪其名震古今，残砖断瓦，俱为古董家视为拱璧耶?

陶器至汉代，有一最大之进化，不可不特别注意，盖自汉以前，各种陶器，只能谓为陶器，不能谓为瓷器。考汉以前，并无“瓷”字，至汉时，始言及“瓷”字，前此之不言“瓷”字，盖无此物。当然不能言，后此之言及“瓷”字，当然必有瓷之一物矣。故国人谓瓷器，发明于汉代。盖吾国历史，至汉代，则文物日盛，与罗马及东欧诸国，已开交通，琉璃之制，于此时输入，国人，因取琉璃药之法，而发明各色之釉药，有青色、浓绿、青褐色、白色、灰色、漆黑、淡黄等色。釉药既发明于汉，则汉以前者为无釉之陶器明矣。又据《浮梁县志》所载：新平之瓷场（新平，浮梁旧名），创于汉代，其工作至今，从未间断，夫新平瓷场，既系创于汉代，则瓷之始于汉代，亦实属明矣。惟此时之瓷器，并不能白而半透明，与今时之瓷相比，乃是一种坚致之陶器，及有釉之陶器耳。

汉代对于丧葬之礼，极为重视，对于殉葬之物，亦精益求精，备更求备，我们试看出土之汉代“明器”可知矣。“明器”者何，即汉代陵墓中殉葬之物，以备死者冥间生活之用者也。有饮食之器，乐用之器，及使用物品，共四十二种，一百九十七件，加以涂车九乘，俑三十六件。此类“明器”除少数为木质之漆器外，大都为陶质及石质，盖取其不易腐败，能久存墓中也。明器中之陶器，有瓦灶、瓦镫、瓮、瓶、壶、鼎、鬲等，俱饮食及日用器也。此外又有瓦棺。瓦棺于瓦灶之上，有浮雕花纹，瓮、瓶、壶、尊等上，则有粉绘，多以人、龙、兽、凤之形为资料，颇有石刻画之古趣。汉器中尚有“圹砖”者，系专供筑墓圹及隧道之用，亦为前代所未有。圹砖有壁砖、柱砖之分，其形颇大，内部透空，砖面印出种种之图画文样。后世瓷器之印花，可谓发源于此。

汉时之陶瓷器，多仿古代铜器形状而造，其所绘制之花纹，亦与同时代之铜器上花纹相似，其上面雕塑的凿器胎之刻饰，实为后世凸花之滥觞。其附有釉药之器，则质坚硬无伦，不可以刀削，其色，则有白有绿与褐红各种，传留至今，多为土化，釉上现有细碎纹，如珍珠点，如乌云斑，光泽如银，历时愈久，而其色则愈加精彩浑厚，真可畅目散心，放怀怡情也。

汉代陶器，除前述者外，其著名者有“瓦当”，有“砖”，所谓“汉瓦当”，“汉砖”也。如甘泉宫之瓦，中有横飞鸟，白鹿观之瓦，于“甲天下”三字上，范以二鹿形，便殿之瓦，中间范一“便”字，而以云样之图案，范其四周，其砖，则有作星斗文而带晕形之潘氏，中间范三阳文之蜀师，及以千秋万岁长乐未央八字中贯四神各种，技艺之精巧，较之秦代，更为进步。

本章参考图书

《阿房宫赋》

《金石索》

《浮梁县志》

《中国美术》 波西尔著 戴岳译

《中国美术史》 大村西崖著 陈彬龢译

《中国艺术史概论》 李朴园著

《陶器の鉴赏》 今田谨吾著

《支那陶瓷の时代的研究》 上田恭辅著

《陶瓷文明の本质》 盐田力藏著

《世界美术全集》第二卷 第三卷 平凡社编印

《世界美术全集》别卷 陶瓷篇 平凡社编印

【第五章】

魏晋时代

曹操以奸雄之资，乘汉末天下之乱，拥兵而起，诛锄群雄，得志后，筑铜雀台以自娱，其砖其瓦，为后世文人与古董家所珍藏玩赏，蔚为千古佳话。操死，其子丕篡汉，国号曰魏，建都洛阳，亦继乃父筑铜雀台之志，大兴土木，即于洛阳，烧造绿釉瓷，以饰宫殿。日人大村西崖所说，曾见此时一罍，有人物屋舍等之雕饰，是着赭釉坚滑之瓷器，盖上作龟趺碣之形，刻铭文，上题有“会稽”二字，为其制造之地。

当魏之时，西有蜀，南有吴，连年战争，兵权遂落于其将司马懿父子之手，司马氏灭蜀篡魏并吴，统一中国，号为晋，不久，因八王之乱，五胡入华，晋室南下，是为东晋，称以前者为西晋。盖自汉末黄巾贼起以来，直至西晋为止，岁岁战争，年年兵戈，文物凋零，人民憔悴，考之史册，陶瓷之业，除一二例外者外，似无多大之进展。

晋代之瓷，其确实可考者，有瓯越窑所出之青瓷，此外，则咸康以后之赵王石季龙邺宫之瓦，后世以之作砚，视为拱璧，可称珍品，其余，则自郐以下，殊无可记。

瓯越在浙江温州，即今之永嘉县，所造之青瓷，精美坚致，为后世天青色釉之初祖。潘岳赋云：“披黄苞以授甘，倾缥瓷以酌酃。”所谓缥瓷，即瓯越之青瓷也。陆羽《茶经》云：“瓯越器青，上口唇不卷，底卷而浅，受半斤已下。”盖叙述瓯越所制之青瓷饮器也。

本章参考图书

《陶说》卷四 朱琰著

《景德镇陶录》卷七 蓝浦著 郑廷桂补辑

《中国美术》 波西尔著 戴岳译
《中国美术史》 大村西崖著 陈彬龢译
《世界美术全集》 第四卷 平凡社编印
《支那陶瓷の时代的研究》 上田恭辅著
《陶器の鉴赏》 今田谨吾著

【第六章】

南北朝时代

西晋之后，长江以南有刘宋、萧齐、梁、陈为南朝，长江以北有元魏、高齐、周为北朝，南北对峙，约百七十年，至隋而后统一。此时之陶瓷，较魏晋为进展。南方宋、齐之制，东西甄官瓦署，各设有督令一人，以专其事。

陈之至德元年，大建宫殿于建康，诏昌南镇造陶础，贡献供用，雕镂巧妙而弗坚，再制不堪用，乃止。案昌南镇即今之景德镇，即古之新平，于汉代设立瓷场以来，迄未间断，至德时，竟特诏造贡陶础，则此时景德镇之瓷，已有可观，不过因火度尚低，所以不坚，致不堪用耳。

至于北朝，魏齐之官制中，亦设有甄官署。北周陶工置士一人，使造罇、彝、簠、簋等器。元魏在关中、洛阳二处，所制之御用器，颇为有名，当时称之为“关中窑”“洛京陶”云。

本章参考图书

《陶说》卷四　朱琰著
《景德镇陶录》卷七　蓝浦著　郑廷桂补辑
《江西陶瓷沿革》　江西建设厅编印
《中国美术史》　大村西崖著　陈彬龢译
《支那陶瓷の时代的研究》　上田恭辅著
《世界美术全集》　第五卷　平凡社编印
《陶器の鉴赏》　今田谨吾著

【第七章】

隋唐时代

杨坚篡北周并南陈，统一中原，国号为隋，传至炀帝而亡。国祚虽短，而能以发明绿瓷著称。《隋书·何稠传》："稠博览古图，多识旧物，时，中国久绝琉璃之作，匠人无敢措意，稠以绿瓷为之，与真无异。"盖琉璃一物，汉武帝时，由大秦罽宾等处输入，三国时，则交趾岁有贡献，至北魏太武帝时，有大月氏国人来京，铸石作五色之琉璃，因之中国有此物之制造，至隋代偶绝，故何稠乃制绿瓷以代之也。

唐高祖李渊，乘隋之乱，起兵太原，不数年而席卷天下。唐之政治文物，非常精彩，如贞观之治，几于媲美尧舜，为三代后所仅见。诗文书画诸艺术，亦大为发扬，为古今最盛之时，诗如李、杜（李白，杜甫），文如韩、柳（韩退之，柳宗元），书如欧、颜（欧阳询，颜真卿），画如王、李（王摩诘，李思训），皆敻绝古今，巍然不可及，所以瓷业，亦乘此涌涨澎湃之势，更为进展，吾国高火度之真正瓷器，即于此时烧造成功。盖吾国以前所言之瓷器，火度尚低，质亦脆弱，实只能为较高火度坚致之陶器，故汉代虽称发明瓷器，然只能谓为瓷器之端兆，至于真正瓷器之成功，实应以唐代为鼻祖也。《浮梁县志》云："唐武德中，镇民陶玉者，载瓷入关中，称为'假玉器'，具贡于朝，于是昌南镇名闻天下。"盖瓷与陶之分，在乎洁白质坚与半透明三要素，有则为瓷，缺则为陶，玉之为物，洁白澄清，光辉彻亮，今名瓷曰"假玉"，则必已备具洁白与质坚与半透明三要素矣。

唐时烧造之名窑颇多，兹列举如下：

霍器

唐武德四年，命江西新平霍仲初等，制造进御，色白质薄，其釉莹彻如玉，当时名为霍器。嗣后，新平之瓷业，渐次发达，乃成今日名震全球之景德镇瓷器。

越州窑

在越州烧造，故以地名，其地即今浙江绍兴也。以青瓷为最佳，其质，明彻如冰，莹润如玉。陆羽《茶经》云："碗，越州为上，其瓷类玉类冰而益茶，茶色绿。"盖陆羽嗜茶，谓瓷之色能增益茶之色，越州瓷青，青则益茶，故羽如此云云。陆龟蒙诗云："九秋风露越窑开，夺得千峰翠色来，如向中宵承沆瀣，共嵇中散斗遗栝。"顾况茶赋云："越泥如玉之瓯。"孟郊诗云："越瓯荷叶空。"郑谷诗云："茶新挽越瓯。"韩偓诗云："越犀玉液发茶香。"此皆咏赞越瓷之青与质也。

邢窑

邢州所烧，在今河北省邢台县，土质细润，色尚素，为世所珍重，甚者，且谓为在越瓷上。陆羽《茶经》云："世以邢州瓷处越器上，然邢瓷类银类雪，邢瓷白而茶丹，似不如越。"陆羽不以邢瓷驾越瓷为然者，仅以品茶而言耳，其实，邢瓷虽不能驾越窑之上，亦相仲伯间也。

鼎窑

为鼎州所烧，地在今之陕西泾阳，器次于越，专制白瓷。陆羽《茶经》云："推鼎州瓷碗次于越器，胜于寿洪所陶。"盖寿州瓷黄，茶色紫，洪州瓷褐，茶色黑，俱不宜茶，而鼎窑无此病也。

婺窑

婺州所烧，即今之浙江金华也。其器，次于鼎，而胜于洪寿。

寿窑

唐寿州所烧，今之安徽凤阳，其瓷色黄。陆羽《茶经》以其盛茶则茶色紫，不相宜，故列之为下等。

洪窑

洪州，今江西南昌之旧名也，唐于此烧瓷，故名洪窑，其瓷黄黑色，令茶色黑，不宜茶，故陆羽谓之更次于寿州。

岳窑

岳州，即今湖南岳州，唐于此烧瓷，其瓷皆青，青则宜茶，陆羽谓其器次于婺瓷，而胜予寿洪，盖岳瓷盛茶，茶作红白之色，甚艳丽可爱也。

秦窑

秦州在今甘肃天水县，唐时于此烧造陶瓷，相传其器皆碗杯之属，多纯素，间亦有凸鱼水纹以为饰者。

蜀窑

唐四川邛州之大邑所烧，其器，体薄而坚致，色白声清，为世所珍重。当时诗人杜甫尝作诗以赞颂其质美声雅与釉色之洁白，其诗云："大邑烧瓷轻且坚，扣如哀玉锦城传，君家白碗胜霜雪，急送茅斋也可怜。"可见其精美矣。又有作续窑者，盖蜀音相近，故讹传也。

唐代瓷窑，除上述之外，尚有缶州窑之专造白瓷，及内卯、榆次、平阳等窑，因出品不多，等诸自郐，不复记述。

唐人喜用陶砚，如六角形中间嵌一"风"字之瓦砚，景龙宫之银砚，流入日本法隆寺之猿面砚，以及大文豪韩愈所用之陶砚，大诗人李白所用之琉璃砚，唐玄宗之七宝砚，皆异珍也。

吾国素重死葬之事，唐人尤重视之。唐人明器之制，三品以上九十事，五品以上六十事，九品以上四十事。挻马偶人高一尺，其他音乐队，僮仆之属，威仪服玩，各视其生前之品秩而定之，皆瓦木之作，长率七寸，与汉人明器相仿。

唐瓷之装饰，亦与前代殊异，我们试看上举各瓷，则知其色有青、黑、白、褐等色，错综变化，迥非昔人单纯颜色所可比类。

此外，尚有“唐三彩”者，允为唐代最贵重之杰作，所谓三彩者，是以铅黄、绿、青等色，描画花纹于无色釉之白地胎上也。如第三图所示之唐代三彩瓷盘，其色彩之沉着，花纹线条之美妙，典雅富丽，诚足令人赞美无既。

唐瓷尚有一贡器，至可奇异。《杜阳杂编》云：“会昌元年，渤海贡紫瓷盆，容半斛，内外通莹，色纯紫，厚半寸许，举之，若鸿毛。”厚半寸许而通莹，大容半斛，而又如鸿毛之轻，真奇绝矣。

本章参考图书

《浮梁县志》
《古窑器考》 梁同书著
《陶说》卷二、卷四、卷五 朱琰著
《景德镇陶录》卷五、卷七 蓝浦著 郑廷桂补辑
《江西陶瓷沿革》 江西建设厅编印
《中国美术》 波西尔著 戴岳译
《中国美术史》 大村西崖著 陈彬龢译
《支那陶瓷の时代的研究》 上田恭辅著
《陶瓷文明の本质》 监田力藏著
《世界美术全集》 第八卷 平凡社编印
《陶瓷の鉴赏》 今田谨吾著
《图案新技法讲座解说东洋名作图案集》 北原义雄编辑

【第八章】

五代时代

唐末大乱，英雄竞起，割据中原，建国称王，前后历时五十三年，史家称为五代之时，即后梁、后唐、后晋、后汉、后周是也。然此五代，亦非能统一全国，其间干戈扰攘，河山分裂，约有十国之多，吴、南唐、闽、前蜀、后蜀、南汉、北汉、吴越、楚、南平等是也。此时，虽兵燹连年，而瓷业因帝王之爱好，反有进展之势，以吴越之秘色窑与后周之柴窑为最著名。

秘色窑造于越州，相传所制之瓷，专为供奉吴越王钱氏之物，臣庶不能用，故云秘色。其式似越窑器，而清亮过之，盖越窑系唐制，由唐至吴越，历时数百年，愈久则制作愈精，后来居上，理固然也。按蜀王建报朱梁信物，有稜陵碗，致语云“稜陵含宝碗之光，秘色抱青瓷之响。”盖秘色乃当时之瓷名，色青蓝，唐时已有，观于徐寅之贡余秘色茶盏七律诗可知矣。（徐寅贡余秘色茶盏诗云：“巧剜明珠染春水，轻旋薄冰盛绿云，古镜破苔当席上，嫩荷涵露别江渍”）不然，吴越专以烧进，何以蜀王建乃以此报梁，徐寅又有此秘色盏诗耶？大抵秘色，系指瓷色而言，另有此种之窑，不始于钱氏，至钱氏始特命烧制，加以精工，专供进奉，秘色窑既经此一番改造，所以于此时，乃盛著其名，后世不察，遂以为吴越始烧造耳。

柴窑，系后周柴世宗所烧，故以其姓名之，窑在河南郑州，其器青如天，明如镜，薄如纸，声如磬，滋润细媚有细纹，制精色绝，为往昔诸窑之冠。相传当日请瓷器式，世宗批其状曰：“雨过天晴云破处，者般颜色作将来。”所谓雨过天晴，乃淡蓝之青瓷也。柴窑以天青色为主，其余尚有虾青，豆青，豆绿等色。又有一种不上釉者，则呈黄土色，则即后代所谓铜骨也。吾国论瓷器者，以柴、汝、官、哥、定诸窑为标准，而柴窑传世极少，后人得其残器碎片，亦珍重视之，售于古董家，动辄得百金之偿。而巧诈之徒，因柴窑难得，乃造作种种神话，以资牟利，谓人得其残片佩之，可以却妖毒，御矢炮，种种神妙，不可思议，斯固虚诞可笑，然亦可推见柴窑之精美矣。

吾国音乐，用陶瓷为乐器者颇鲜，自尧以麋輅置缶而鼓之，为用陶瓷为乐器之始，其后则秦赵会于渑池，秦王曾为蔺相如一击缶，为秦人之风尚，所谓秦声呜呜也。及唐，而击之风盛，瓯中盛水，加减之以调宫商，如郭道源马处士皆善于此技，而马且建击瓯楼，至于巾帼中人如步非烟，亦以击瓯名。可谓盛矣。后唐司马滔则作八缶，器凡八，盛水其中，以水之浅深，分上下清浊之音，精巧较前代突进，为后世水盏子之祖。

此时，除司马滔作八缶乐器外，蜀王衍之陶砚，亦颇可观。其砚有盖，盖上有凤，坐一台，余雕杂花草，涅之以金泥，红漆有字，曰凤凰台。吾人试思，此种制作，其风韵为如何，以之饰书斋，焉能不令人心醉耶？

本章参考图书

《古窑器考》 梁同书著
《长物志》卷七 文震亨撰
《清秘藏》卷上 张应文著
《陶说》卷二 朱琰著
《饮流斋说瓷》 许之衡著
《景德镇陶录》卷七 蓝浦著 郑廷桂补辑
《中国美术史》 大村西崖著 陈彬龢译
《支那陶瓷の时代的研究》 上田恭辅著

【第九章】

宋时代

宋太祖赵匡胤，风云际会，自陈桥黄袍加身后，夺天下于妇人孺子之手，国号为宋。后裔为金人所逼，于是高宗南渡，建都临安，是为南宋，称以前者为北宋。吾国瓷业，至此时代，放特殊之异彩，可谓为兴盛之时期，且其时，与西南欧亚及南洋诸国，懋迁往来，输出商品，以瓷器为要宗，沿至明清，此风不替，其后西人至呼瓷器为China，可谓盛矣。

宋代瓷器，真能集前代之大成。其上面，大都敷以单彩釉，表面显各种之碎纹，亦有平滑者，其色或纯或驳，有各种不同之白色，蓝灰及紫灰色，鲜红及暗紫色，各种之绿及各种之褐色，更有由酸化之作用而生各种之光怪奇丽之窑变色，（关于窑变，传说甚多，恍惚奇离，有若鬼神，兹摘录数条，以见古人对于窑变之神秘思想。《天工开物》云："正德中，内使监造御器，时宣红失传，不成，身家俱丧，一人跃入自焚，托梦他人造出，竞传窑变，好异者，遂妄传烧出鹿象诸异物也。"《清波杂志》云："饶州景德镇，陶器所自出，大观间，有窑变，色红如朱砂，谓荧惑躔度临照而然，物反常为妖，窑户亟碎之。"《博物要览》云："官哥二窑，时有窑变，状类蝴蝶禽鸟麟豹等像，于本色泑外变色，或黄，或红紫，肖形可爱，乃火之幻化，理不可晓。"）几如山阴道上美不胜收。至其装饰方面，则有划花（即凹雕，是用刀刻者）绣花（用针刺成）印花（用版印成）锥花（用锥凿成）堆花（以笔蘸泥成凸堆之形）暗花（即平雕，用刀刻）法花（即凸堆）嵌花（另刻花纹而嵌入）釉里红（釉之下，有红花纹）两面彩（器之内外，施以同样之花纹，持向日光中照之，则见两面有完全相同之花纹）釉里青（为宋代最大发明，阿剌伯人贩来苏门答腊之苏泥，槟榔屿之勃青，印度之佛头青，画花纹于薄质之泥坯上，再施一层薄釉，使成为美丽绝伦之青花，其法起于宋代何年，不能的考，但大观政和时，则确已有此种作品之制造）等，开从来未有之奇，可谓为宋代瓷器之特色。

北宋之瓷，坯胎稍厚，釉上现蜡泪痕及现胎骨。（案瓷类用釉之法，有涂釉，淋釉，及吹釉之别，涂釉之法，便于胎厚者，瓷上所以现泪痕者，盖因涂釉太厚之处，釉药垂流，故烧成后如泪痕，或堆脂之形，若胎薄，则不能承受如此重厚之釉，烧之必成畸形或完全溶块。淋釉则较简便，但曲线过多之作品，总有淋不到处，若加淋第二次，则以前淋有釉质之处，因吸水过多，每被第二次之釉水冲去，且釉质之黏力极小，初次淋时，因坯胎吸水，故釉能为坯密黏，若干后再淋以釉水，则前之干釉，每因浸涨而剥落，所以在此时，瓶类两肩，多有现胎骨者。又淋釉之法，若坯胎过薄时，极易崩溃，故在吹釉法未发明之前极少薄胎之作品也。）至大观政和等时作品，则釉薄如纸，胎薄如蛋壳，声如玉磬，且有胎和釉溶成难分之瓷，瓷器至此，可谓登峰造极矣。

综上所述，当时瓷艺，既精进如斯，故官窑辈出，私窑蜂起，其间出群拔萃最著名者，有定、汝、官、哥、弟、均等名窑。

定窑有南北之别，在北方河南定州所烧者，名曰北定；南渡后，在江西景德镇所烧者，名曰南定。土脉细腻，质薄有光，以色白而滋润者为正，白骨而加以泑水有泪痕者佳。其釉为白玻璃质釉，因其似粉，故称之为粉定，亦名白定。其质粗而色黄者，最低，俗呼为土定，其紫色者，称为紫定，黑色如漆者，称为黑定，皆传世极稀，不甚为当世所珍重，不过较之土定为高耳。其碗碟等物，多皆覆而烧成，缘边无釉，故镀铜以保护之。北定以政和、宣和时作品为最佳，南定则多系有花者，北定亦有花，但较南定为少耳。其花纹之式，多作牡丹，萱花，飞凤，蟠螭，双鱼之类，仿自古铜镜，典雅妍丽，美乃绝伦。其装饰花纹之法，有划花，堆花，印花，绣花等类之分别，就其中以划花者最佳，绣花者为下。定窑又有红色者，考诸典籍，殊不多见，惟苏东坡试院煎茶诗，有“定州花瓷琢红玉”之句，及《历代瓷器谱》有“定瓷分红白二种”之记载。

宋人以定州之白瓷器有芒故，遂于河南汝州建青器窑。其器有厚薄两种，土细润如胴体，汁水莹泽，厚若堆脂，其釉色近于柴窑“雨过天晴云破处”之色，以淡青为主。苍翠欲滴，亦有豆青，虾青及茶末等色。釉汁中，有如棕眼（棕眼纹与梨地纹相似）及蟹爪纹（蟹爪纹为大小各样之裂纹）底有芝麻花，细小挣钉者，称为佳品，辨汝器者，多以此辨之，如端溪石砚之辨鹦鸽眼也。然其实当以无纹者为最好其未上釉者，称为铜骨，因其土含有相当之铁分，故呈淡红之色，颇似羊肝也。汝器之釉厚，多凝于器之上部，若膏脂之溶而不流，凝于中途然，釉既融流，凝成蜡泪痕之堆脂状，故常有无釉之处，现其色若羊肝之胎骨，当时风尚，颇以现有此种现象者为美观。

宋大观、政和间，徽宗于汴京（即今之河南开封）自置窑烧造，命曰官窑。土质细润，胎与釉俱薄如纸，色有月白，粉红，粉青，大绿，油灰等色，在当时则以月白色为上，而粉青色次之，后世，则以粉青色为上，白色次之，油灰色最下。开片，则以冰裂为上，梅花片次之，细碎纹最下，釉斑，则以鳝血为上，墨纹次之。器式，则鼎炉，葱管，空足，冲耳，乳炉，贯耳，壶环，耳壶，尊等，俱为当时精品，供进御之用。其他则有仿古铜器之作品，如鼎、彝、炉、瓶、觚、笔筒、笔格、水中丞、双桃、卧瓜、茄子、砚滴、四角及八角之印色池等，皆属佳品。惜为时不久，宋室遭金人之乱，迁都南渡，成立小朝廷，命邵成章于修内司（在杭州凤凰山下）。建窑烧瓷，袭旧京遗制，亦称官窑，又称修内司窑，或简称内窑，而称在汴京者为旧官窑。旧官窑，规模初定，为时未久，而修内司窑承其模范，因先有良好之基础，故其器较旧官窑者更佳。澄泥为范，极其精制，体质薄如纸，与定汝相埒。其釉色，粉青为主，色泽莹澈，酷似龙泉窑之无纹青瓷，为当时所珍重。其土，略带赤色，故足色若铁，器口上仰，釉水下流，仅有极稀薄之釉在口上，故口上微露紫色，当时称其器为"紫口铁足"，以此为珍贵，以此辨真伪。偶有裂纹，常作蟹足形，当时亦颇以此纹为贵。釉色，除粉青外，尚有粉红色，浓淡不一，新旧二官窑所出之器，因在窑时常起酸化作用，故时有红斑，与四周之釉色相映，光彩辉耀，尤觉奇异。有时其斑且作蝴蝶等生物之形，或于本色釉之外，另变他色，尤为可爱，名曰窑变，哥窑亦时有此，此盖宋代之特色也。其后，宋室再在同地之凤凰山麓下之郊坛下，另立新窑，亦名官窑，较之旧作，大不侔矣。官窑之中，又有一种黑色者，号为乌泥窑（非建安之乌泥窑）不甚为人所重。

宋代浙江处州人章生一及其弟章生二，皆喜烧瓷，同在龙泉，各设一窑，生一所烧者，名琉田窑，因其为兄，故又名哥窑，生二所烧者，名龙泉窑，或称为弟窑，又称为章窑，二窑皆民窑之巨擘，足以与官窑相抗。哥窑，土质细薄，釉色以青为主，浓淡不一，亦有为锰及钴之淡紫色，或锑之鲜黄米色，亦有铁足紫口，颇似官窑。以碎纹著名，见之，仿若裂痕百条，号曰百圾碎，亦号白芨碎，有时亦作鱼子纹，颇为可观。各种裂纹，系一种"湿隐裂"，实际上，有此种裂纹，并不能为最精之作品，故哥窑仍应以釉水纯粹无纹者为最贵。弟窑，胎薄如纸，光润如玉，有粉青，翠青二色。弟窑之长处，以青色无断纹，其别于哥窑之处，亦在无断纹。唐人称瓷为“假玉器”，若弟窑之青瓷，其滋润莹澈，足可以称为“真玉器”而无愧矣。其土质，亦与哥窑及官窑相同，故亦有铁足，其未上釉者，则呈赭色，又有以白土制者，则无铁足。（案《博物要览》云：“龙泉窑妙者，与官哥争艳，但少纹片紫骨耳。”《清秘藏古》云：“宋龙泉窑，色甚葱翠，妙者与官窑争艳，但少纹片紫骨铁足耳。”又云：“有用白土造器，外涂釉水，翠浅影露白痕，乃宋人章生所烧，号曰章窑。”稗史类编云：“章生一生二之窑皆青，浓淡不一，其足皆铁色，亦浓淡不一，旧闻紫足，今少见。”据前二说，则弟窑无紫足，其土胎是白土所制，据后一说，则弟窑与哥窑，同是铁足，盖昔人尚铁足紫口，故薄弟窑者，则举其以白土制胎之器，而惜其无铁足紫口，而维持之者，则举其赭色土制胎之器，赞其亦有铁足紫口而拥护之，不知弟窑，实有用白土制胎与用赭色土制胎二种之分别也。）其器式，则以觚瓶，鬲炉，葵花，菱盘等为最上之品。其雕花，种类之多，颇似南定，不过定窑较深，弟窑较浅耳。

河南禹县，昔号均台，宋称均州，宋初于此，设窑烧造，故名均窑。上面所述定汝各窑，皆系单纯色，或专造白瓷，或专造青器，偶尔间及他色耳。而均窑则独为特别，专造彩色，五色灿烂，艳丽绝伦。其色彩之多，不可指屈，举其著名者言之，有玫瑰紫，海棠红，茄色紫，梅子色，驴肝与马肺混色，深紫，米色，天蓝，胭脂红，朱砂红，葱翠青（即鹦哥绿）猪肝红，火里红，青绿错杂若垂涎，墨色，及窑变之各种颜色，相传以红若胭脂者为最，葱翠青与墨色次之。而鉴古家，则取其色纯而底有一二数目字者为佳（红紫者单数，青蓝者双数）以杂色者为次。均瓷釉颇厚，红釉之中，必有兔丝纹与蟹爪纹，呈华丽雅致之美。其器，以花盆为最驰名，土亦微带红色，故无釉之处，呈羊肝色。查均窑之色，以红紫为美，亦特较诸色为多，明代之霁红，盖系受此影响也。

景德镇原名昌南镇，自汉时，已有陶瓷之烧造，历代不替，惟器不甚精，名亦未大著。宋景德年间，烧造之瓷，土白壤而埴质薄腻，色滋润，真宗命进御，瓷器底书“景德年制”四字，其器尤光致茂美，一时海内，争效其制法，于是天下竞称景德镇瓷器，而昌南旧名遂微替矣。且其时，宋人与外人，已有商业来往，外人由福建贩瓷赴欧，价值每以黄金重量相等，且有供不应求之势，粤人见外人得利，遂往景德镇贩运瓷器，以与争利，故景德镇之瓷，愈加著名。距景德镇之东南二十里，有湘湖市者，宋时亦陶，称为湘湖窑，其体亦薄，有米色粉青二色，器雅而泽，虽不及景德镇，要亦可观。

磁州窑以磁石制泥为坯烧成，故曰瓷器。（按俗，瓷磁二字，常互相通用，实为谬误，盖磁者，磁石也，磁州窑以磁石制泥为坯，故名瓷器，非是处之瓷，皆可以磁称之也。）其佳者，与定器相似，无泪痕。其装饰，亦模仿定窑，造划花，凸花，与墨花之白器，间亦用黑釉，花文朴素豪健，亦可称为宋时杰作。

吉州窑在江西吉安永和市，其器与柴器定器相类。宋时有五窑，舒翁烧者最佳，舒翁有女曰舒娇尤善陶瓷，其所出品，与哥窑等价，故时人称之为舒公窑，又因舒与书同声，故又每有误称为书公者。相传宋文丞相过此，窑变为玉，（大概是陶工此次所用之原料不甚耐火，而又燃烧过当，变成一种琉璃质，当时人，喜以神话，耸人听闻，故造此说也。）工惧，封穴而逃于饶，故元初，景德镇陶工，多永和人。

建窑烧于福建之建安，亦号乌泥窑，其色，于光澜之黑色中显银色之白波纹，如兔毫状，或作灰色之鹧鸪胸腹状，所制之器，以茶具为最著，所谓兔毫盏（亦名鹧鸪斑）是也。日本人，最喜此器，不惜重价购求，以银缘其边，既碎，则用金漆巧缀之。建窑之器，在宋时所制者，几与龙泉、均州、哥窑等相并，但有一时期，则质粗不润，釉水燥暴，制造悬异，精粗不同，故《留青日札》云：建安、乌泥窑，品最下。

除上述诸窑之外，尚有唐邑等窑，所产之瓷，亦有颇精者，当时统名之为小窑。

唐邑窑　制青瓷，质釉均仿汝器，惟皆不能及。

邓州窑　一律出青瓷，亦仿汝器，与唐邑窑相仿。

耀州窑　初烧青器，色质俱不佳，后改烧白器，乃较为佳胜，然不坚致，易茅损，所谓黄浦镇窑也。

余杭窑　所产之器，色同官窑，但无纹，釉亦不莹润。

丽水窑　亦曰处窑，其质粗厚，色如龙泉，有浓淡，工式甚拙笨。

萧窑　在徐州府萧县之白土镇，烧造白瓷凡三十余窑，窑户多邹姓，有总首，陶匠有数百人，厥土白壤，质颇薄泽，其器颇佳，一名白土窑，盖以其地及质而名之也。

霍州窑　在山西霍州，亦名山西窑，色白体薄，器颇佳。

象窑　在浙江宁波，器似定而粗，亦用蟹爪纹，以色白而滋润者佳，其带黄色者最劣。

榆次窑　在山西太原府，自唐时已陶，土粗质厚，其器古朴。

平阳窑　自唐时已陶，土瀼白汁欠不纯，故器色俱无可传。

宿州窑　所出之器，完全仿定，色白，当时销行颇广。

泗州窑 所制之器，悉仿定窑，与宿窑相埒。

河北窑 出河南卫辉，器同汝制，色质俱不及远甚，只可与邓、唐、耀等窑为伍耳。

平定窑 出山西平定州，质粗色白而微黑，无甚可观，人呼之为倘器。现今仍继续制造。

广窑 出广东肇庆，宋南渡后所建，用磁石为泥，与磁窑同质，仿洋瓷烧制，所造有炉、瓶、盏、碟、碗、盘、壶、盒之属，绚彩华丽，甚为可观。

博山窑 在山东博山县，现今仍继续有出品。

总揽宋世一代瓷业而观之，其色彩之变化，形样之精巧，产量之众多，质品之进步，实属迈越前代，为吾国瓷器之特出时期也。

本章参考图书

《天工开物》 宋应星著

《考槃余事》 屠隆著

《古窑器考》 梁同书著

《长物志》 卷二、卷七 文震亨撰

《景德镇陶录》 卷六、卷七、卷八、卷九 蓝浦著 郑廷桂补辑

《清秘藏》卷上 张应文著

《饮流斋说瓷》 许之衡著

《瓶花谱》 张谦德撰

《江西陶瓷沿革》 江西建设厅编印

《陶说》 卷二、卷五 朱琰著

《中国国际贸易史》 武堉幹著

《故宫信片第十辑·瓷器》 故宫博物院古物馆印行

《支那青瓷及其外国关系》 横河民辅著

《支那陶瓷杂话》 笹川洁著

《陶器图录》（支那宋） 仓桥藤治著

R.L. Hobson: A Catalogue of Chinese Pottery and Porcelain in the David Collection.

【第十章】

元时代

元人以雄武豪犷之资，灭宋灭金，入主中原，异族之侵害中华，盖未有甚于此时者。元代甚促，仅九十一年，且又连岁血刃，其对于一切之文艺，不过仍旧贯而已，无多大之发明也。故元代瓷器，亦是承继宋代诸窑而制造，与宋窑无甚差异。其在河南一带所出者，多仿均窑，以作天蓝色兼带紫斑，而成鱼蝶蝙蝠诸形者为贵，不带紫者，则为常器。元代之瓷，大概以釉色为主，其釉厚而垂，浓处或起条纹，浅处仍见水浪，为其特征。元人系蒙古族，故瓷器亦稍染蒙人之俗，有奇特之样式，为前人所未有，如壶之上，附以甚大之耳，或模奇兽怪鸟之形以作器，即其例也。其花纹，亦有印花，划花，雕花诸种，而元人之最喜悦者，则为印花。元代武力，前古所无，不特席卷亚细亚，且吞并欧洲之大半，其胜利之余威，亦反映于瓷器上，故灿烂光辉之五彩戗金，盛行于元，以表现其气焰万丈之概。

元入主中原后，对江西之景德镇，改宋之监领官为提领，至泰定后，则以本路总管监之，若有命，则烧进御之器，其器，能为青器，白器，印花，划花，雕花各种。若无命，则不烧也。景德镇进御之器，土必白埴腻，质尚薄，多小足印花及戗金五色花者，又有高足碗，蒲唇，弄弦碟，马蹄盘，要角盂等器，器内皆有枢府字号，当时民窑，虽极力模仿，皆不逮也。

元有戗金匠户彭均宝者，于霍州烧窑，土脉细白埴腻，体薄尚素。仿宋人白定，制折腰样式，甚齐整，当时称为彭窑，亦呼新定器，又名霍窑，其佳者，可以欺假赏鉴家，但其器，较白定稍带青，极脆，不易传久，釉色亦欠滋润，遇真赏鉴家，则立辨之矣，故论者有云，南定不如北定，新定又不如南定，职是故也。

宣州窑，创造于元，至明末坠，土埴质颇薄，色白，盖亦仿宋定器也。

江西临川，元初于此设窑，号临川窑，其土细润，质颇薄，色多白，微带黄，其花甚粗。

南丰窑，在江西南丰县，亦名玳瑁窑，土埴虽细，质则稍厚，器多青花，有如土定等色。

综上述论之，元瓷当以景德镇所产之枢府窑为最佳，此外，则创造五彩戗金及一种带有蒙古色彩之器具，亦颇特色，至其新出诸窑，则甚平庸矣。

本章参考图书

《中国美术史》 大村西崖著 陈彬龢译

《江西陶瓷沿革》 江西建设厅编印

《景德镇陶录》 卷五、卷七 蓝浦著 郑廷桂补辑

《陶说》 卷五 朱琰著

《饮流斋说瓷》 许之衡著

《清秘藏》 张应文撰

《长物志》 卷七 文震亨撰

《窑器说》 程哲著

《古窑器考》 梁同书著

《故宫信片第十辑·瓷器》 故宫博物院古物馆印行

【第十一章】明时代

明太祖朱元璋，崛起民间，复我中原，在我国历代战争之中，较为有价值有意义，虽仍系帝王之思想，其功绩亦可称也。

明人对于瓷业，无论在意匠上，形式上，其技术均渐臻至完成之顶点。而永乐以降，因波斯、阿剌伯艺术之东渐，与我国原有之艺术相融合，于瓷业上，更发生一种异样之精彩。

明瓷之彩料，多采自外国，如青花初用苏泥，勃青，至成化时，因苏泥，勃青用尽，乃用回青。红色，则有三佛齐之紫硨，渤泥之紫矿，胭脂石。

洪武二年，明太祖建御器厂于景德镇之珠山麓，设大龙缸窑，青窑，色窑，风火窑，匣窑，大小熿窑六种，共二十座，后之嗣君，相继增修，精益求精。至宣德时，已有五十八座之多，皆系官窑，专供御器，其余民窑，亦极兴盛，至万历时，相传景德镇御窑，有三百余座，而一切民窑，尚不在内，足见其盛矣。考景德镇自宋景德后，已苍头突起，一鸣惊人，但以当时定、汝、官、哥诸器，挟其声威，掩盖其上，遂未能执瓷业之牛耳，至元，则景德镇所出之枢府窑，崭然露其头角，雄视一时，及明，则一代瓷业之中心，几乎全趋于景德镇矣。宜乎明时驻景德镇传道僧法人登退尔科尔（Dentrecolles）之言曰："景德镇者，周围十方哩之大工业地也，人口近百万，窑约三千（合官民窑数而言，然三千之数，则未免近于浮夸），昼间白烟掩盖大空，夜则红焰烧天。"有此伟大之工业地，又何怪其独步全球，为产瓷之第一区耶。惜乎，此可惊可骇之伟大窑厂，咸于有明末年，完全毁于李自成之乱，靡有孑遗。至清顺治，康熙时，始渐次修复，景德镇之御器厂，于已复活，直至于今，仍负产瓷盛名。兹将景德镇在明代所出之名窑，录述于后，以瞻其盛。

洪武窑　洪武二年，建大龙缸等六窑于景德镇，共二十座，专供烧造御器，只求出品精良，不计费用多寡，故于技术上大有进步。所制之器，质腻体薄，有青黑二色，以纯素者为佳，其坯，必干经年，再用车碾薄上釉，俟干后乃入火，釉漏者，碾去之，再上釉更烧，故汁水莹如堆脂，不致茅篾，甚为美观，民间诸窑，虽竭力仿制，不能及也。颜色器中，则以青、黑、戗金壶盏为最佳。

永乐窑　永乐时御窑厂也，出品有厚有薄，当时尚厚，土埴细，以棕眼甜白为常，以苏麻离青为饰，以鲜红为宝，始制脱胎素白器，彩锥拱样，极为可珍，脱胎器之甚薄者，能映见手指之螺纹，真绝器也。永器中，有所谓压手杯者，极为驰名，其杯，坦口折腰，沙足滑底，中心画双狮滚球，球内有“大明永乐年制”，或“永乐年制”之小篆款，细如粟米，为最上品，鸳鸯心者次之，花心者又次之，杯外，青花深翠，式样极精。考底内绘画，前此未有，有之，自压手杯始，故压手杯，底内绘画之始祖也。永窑中，又有所谓“影青”者，最为特别，其瓷质极薄，暗雕龙花，表里可以映见，花纹微现青色，故曰“影青”亦名“隐青”。

宣德窑　宣德时，以营造所丞，专督工匠，将龙缸窑之半，改为青窑厂，扩增二十座至五十八座。其制品，质骨如朱砂，各种皆精，以青花为最贵，色尚淡，彩尚深厚。宣窑著名制品，有下列各种：

白坛盏。

白茶盏。

红鱼靶杯。

青花龙松梅花靶杯。

青花人物海兽酒靶杯。

竹节靶罩盖。

轻罗小扇扑流萤茶盏。

五彩桃注石榴注双爪注鹅注。

磬口洗。

鱼藻洗，葵洗，螭洗。

朱砂大碗。

朱砂小碗。

卤壶小壶。

敞口花尊。

漏空花纹填五彩坐墩。

五彩实填花纹坐墩。

填画蓝地五彩坐墩。

青花白地坐墩。

冰裂纹坐墩。

扁罐密食桶罐。

灯檠。

雨台。

幡幢雀食瓶。

戗金蟋蟀盆。

千模万样，古所未有，其中红鱼靶杯，戗金蟋蟀盆，白茶盏，各种，尤为精妙，而白茶盏一种，光莹似玉，内有绝细之龙凤暗花，花底有暗款，曰“大明宣德年制”，釉下隐隐鸡橘皮纹，又有作冰裂纹，鳝鱼纹者，虽宋代之定、汝，亦不能比方，真一代绝品也。其轻罗小扇扑流萤茶盏一种，人物毫发具备，俨然一幅李思训画，且诗意清雅绝俗，可谓为无声诗入瓷之始。宣瓷青花原料，乃外国所输入之苏泥，渤青，画龙松柏人物海兽等花纹，深入釉骨，至成化时，苏泥勃青已尽，故论青花，以宣窑为最。宣窑除青花外，更有霁红色，可谓为空前绝后之发明。所谓霁红色者，即祭红，乃祭郊坛用品所创之色，因其色，如雨后霁色，故称霁红，色甚鲜艳，且带宝光。祭红，一名积红，又名醉红，复名鸡红，更有名为际红者，盖瓷无专书，市人转转相呼，遂致有此种差异，其实，祭红只有二种，一鲜红，一宝石红而已。此外，如豇豆红，美人祭，娃娃脸，杨妃色，桃花片，桃花浪，苹果红等，皆由祭红之变化而来也。霁红之外，又有一种宝烧霁翠者，青翠宜人，亦甚精妙。五彩，亦发始于宣德，至后更完备，有于白地画彩花之五彩者，有内外两面之夹彩者，有漏空花纹填五彩者，有彩地画彩花之夹彩者，有蓝地填五彩者，有廓外填色釉或锦纹而廓内画彩花者，此外，还有于黑白等地画绿、黄、紫三色之素三彩者，或用窑变红、绿、紫三种之天然三彩者，皆变幻莫测，灿烂炫目，实前代所未见。

成化窑　成窑，土腻埴质尚薄，以五彩为上。此时苏泥勃青已尽，乃用平等青，故青花不及永、宣，然五彩则至成化而益精巧，其画样以草虫，鱼藻，瓜茄，牡丹，葡萄，优钵罗花，五供养，一串金，西番莲，八吉祥，子母鸡，人物等为主。所画之人物，多半笔意高古，纯似程梦阳之笔法，若花草，则有极整齐者，虽开锦地开花之权舆，而色泽深古，亦一望而知，非后世之一味浓艳者可比。成化器之著名者，有下列各种：

葡萄甏口五彩扁肚靶杯。

鸡缸。

宝烧碗

朱沙盘。

人物莲子酒盏。

青花纸薄酒盏。

草虫小盏。

五供养浅盏。

五彩齐筋小碟。

香合。

各样小罐。

高烧银烛照红妆酒杯。

锦灰堆。

秋千、龙舟、高士、娃娃杯。

满架葡萄香草、鱼藻、瓜茄、八吉祥、优钵罗花、西番莲杯。

所谓高烧银烛照红妆，乃画一美人，持烛照海棠也，秋千，仕女戏秋千也，龙舟，斗龙舟也，高士，一面画周茂叔爱莲，一面画陶渊明对菊也，娃娃，五婴儿相戏也，满架葡萄香草，画葡萄画香草也，此数种，皆描画精工，色莹而坚，出类拔萃之品也。其葡萄𤬪口五彩扁肚靶杯一种，式样，亦较宣窑妙甚，其鸡缸一种，则尤为著名，有清、康、乾诸帝，皆有仿造，按郭子章《豫章陶志》云:“成窑有鸡缸杯，为酒器之最，上绘牡丹，下画子母鸡，跃跃欲动。”明神宗时，尚食御前，成杯一双，直钱十万，此杯在当时，已贵重如此，其精美可不言而喻矣。昔人评明瓷高下，首宣而次成，而论者则云，成窑只青花少次于宣耳，五彩，则较胜于宣也。总之，明瓷以宣、成为第一，而宣、成二窑，又各有其特长，各有其精华，譬如大诗人李白与杜甫，势均力敌，各自千秋，未易形其优劣也。

正德窑　土埴细，质厚薄不一，亦有青花与彩色之分，而以霁红为最佳。嗣有大珰，出镇云南，得外国回青，价倍黄金，命用之，其色古菁，故正窑之青花，颇多佳品，几与宣窑之青花相等。

嘉靖窑　嘉靖初，罢免御窑厂专监之中官，使饶州各府佐，轮选一员，以资管理，四十四年，添设饶州府通判，驻厂监督，旋即止，因此之故，嘉靖窑遂呈衰象，迥不如成、宣时代矣。且其时，鲜红土断绝，烧法亦不如前，只可烧矾红器，故御史徐绅，奏以矾红代，遂致佳妙绝伦之祭红器，中止不烧，幸其时，回青盛行，承乏一时，其重色回青，幽菁可爱，赖此以挽瓷业之厄运，亦一时之会也。又其时，麻仓土将次告竭，土质渐恶，虽青花五彩二窑，制器悉备，较之往昔，实为愧色，惟世宗经篆醮坛用器，有小白瓯，名曰坛盏者，正白如玉，内烧茶字，酒字，枣汤，姜汤字，有大、中、小三号，以茶字者为佳，姜汤者为下，其佳者，无异宣、成之作，盖特出之物也。嘉靖窑既因坯质原料不如从前，而祭红又断烧，乃谋改救之法，于是既利用回青，以代替苏泥，渤青，而欲与宣窑争艳，又竭力发挥彩色锦地之器，极其华缛之致，以追踪成窑。故其花纹，有外龙凤鸟雀内云龙，外出水龙内狮子花之类。又有海水苍龙捧八卦，天花捧寿山福海字等类，为以花捧字之创格。其他，如八仙捧寿，群仙捧寿，龙凤捧寿，海水飞狮等捧寿诸花纹，均奇特可喜。考嘉靖窑之器，除上述之坛盏外，尚有磬口馒心圆足外烧三色鱼扁盏，红铅小花盒子大如钱，皆为世所珍，古人评论此二种之器，谓向后官窑，恐不能有此，其精美可知矣。按《江西大志》所载，嘉窑之器，甚为繁伙，其青花白地之器：

赶珠龙外一秤金娃娃花碗。

里外满地娇碗。

竹叶灵芝团云龙穿花龙凤碗。

外海水苍龙捧八卦里三仙炼丹花碗。

外龙凤鸾雀里云龙碗。

外鲭鲌鲤鳜里云雀花碗。

外天花捧寿山福海字里二仙花盏。

外双云龙里青云龙花酒盏。

外云龙里升龙花盏。

外博古龙里云鹤花酒盏。

外双龙里双凤花盏。

外四季花要娃娃里出水云龙花草瓯。

外出水龙里狮子花瓯。

外乾坤六合里升龙花瓯。

福寿廉宁花钟。

里外万花藤外有控珠龙茶钟。

外要戏娃娃里云龙花钟。

外团龙菱花里青云龙茶钟。

外云龙里花团钟。

松竹梅酒尊。

里外满地娇花碟。

里外云鹤花碟。

外龙穿西番莲里穿花凤花碟。

外结子莲里团花花碟。

外凤穿花里升降戏龙碟。

灵芝捧八宝罐。

八仙过海罐。

要戏鲍老花罐。

孔雀牡丹罐。

狮子滚绣球罐。

转枝宝相花托八宝罐。

满地娇鲭鲌鲤鳜水藻鱼罐。

江下八俊罐。

巴山出水飞狮罐。

水火捧八卦罐。

八瓣海水飞龙花样罐。

苍狮龙花罐。

灵芝四季花瓶。

外四季花里三阳开泰盘。

外九龙花里云龙海水盘。

海水飞狮龙捧福寿字花盘。

外画四仙里云鹤花盘。

外云龙里八仙捧寿花盘。

云鹤龙果盒。

青苍狮龙盒。

龙凤群仙捧寿字花盒。

双云龙花缸。

里云龙花缸。

转枝莲托百宝八吉祥一秤金娃娃花坛。

转枝莲托百寿字花样坛。

其青瓷之器，亦有下列各种：

青碗，天青色碗，翠青色碗。

外穿花鸾凤风里青如意团鸾凤花膳碗。

青酒盏。

外荷花鱼水藻里青穿花龙边穿花龙凤瓯。

青茶钟。

青碟，天青色碟，翠青色碟。

暗鸾鹤花碟。

转枝宝相花回回花罐。

暗龙花罐。

纯青里海水龙外拥祥云地贴金三狮龙等花盘。

双云龙缸。

外青双云龙宝桐花缸。

头青素罐。

双云龙穿花坛。

青瓷砖。

其里白外青之器，则较少，仅有三种：

双云龙花碗。

双云龙雀盏。

四季花盏。

其白瓷之器，则较里白外青之器较多：

暗姜芽海水花碗。

暗鸾鹤花酒盏爵盏。

磬口茶瓯。

暗龙花茶钟。

甜白酒钟。

甜白壶瓶。

甜白盘。

暗姜芽坛。

海水花坛。

其紫色之器，亦甚少，有二种：

暗龙紫金碗，金黄色碗。

暗龙紫金碟，金黄色碟。

其杂色之器，则有八种：

鲜红改矾红色碗碟。

翠绿色碗碟。

青地闪黄鸾凤穿宝相等花碗。

黄地闪青云龙花瓯。

青地闪黄鸾凤穿宝相花盏爵。

黄花闪龙凤花盒。

紫金地闪黄双云龙花盘碟。

素穰花钵。

隆万窑　隆庆、万历，为穆宗、神宗之年号，瓷器至此时代，制作日益繁巧，花纹日益变幻，瓷胎有厚有薄，颜色青彩俱有，釉质莹厚如堆脂，有粟起如鸡皮者，有发棕眼者，有若橘皮者，俱甚可玩。但此时，回青已绝，故青花不及嘉窑，饶土亦渐恶，瓷质亦较前稍逊，此时之装饰，除两面彩捧字云龙人物等外，又有回回文，西藏文，喇嘛字等之饰，奇巧美观，尤推佳构。隆窑所制之酒杯茗碗，多绘男女私亵之状，盖穆宗好内，故传旨命作此种之器，虽非雅裁，然专以瓷之立场而论，则实属精品也。后此种器具，以不容于道学及风化之观念，遂渐少而至于绝作。查此种秘戏，汉时发冢凿砖画壁俱有之，且有及男色者，史册所纪，甚详且具，正不足为怪也。万窑，时有窑变，《豫章大事记》云：

"窑变极佳，非人力所可致，人亦多毁之，不令传，万历十五六年间，诏烧方筋屏风，不成，变而为床，长六尺，高一尺，可卧，又变为船，长三尺，其中什器，无一不具，群县官皆见之，后捶碎，不敢以进。"此种记述，颇类神话，难尽凭信，然万窑之有窑变，而窑变又极佳，往往有意外之精品，则可信矣。隆、万之器，亦因瓷质不如前人，故阐精花纹，以求制胜，此观于朱琰《陶说》所列之隆、万器，即可证知。据《陶说》所载，有下列各种：

双云龙凤霞穿花喜相逢翟雉朵朵菊花缠枝宝相花灵芝葡萄桌器。

外穿花龙凤五彩满地娇朵朵花里团龙鸾凤松竹梅玉簪花碗。

外双云龙凤九龙海水缠枝宝相花里人物灵芝四季花盘。

外双云龙凤竹叶灵芝朵朵云龙松竹梅里团龙四季花碟。

外双云龙芙蓉花喜相逢贯套海石榴回回花里穿花翟雉青鸂鶒荷花人物狮子故事一秤金全黄暗龙钟。

外穿花龙凤八吉祥五龙淡海水四季花捧乾坤清泰字八仙庆寿西番莲里飞鱼红九龙青海水鱼松竹梅穿花龙凤瓯。

双穿云龙花凤狮子滚绣球缠枝牡丹花青花果翎毛五彩云龙宝相花草虫罐。

穿花龙凤板枝娃娃长春花回回宝相花瓶。

外梭龙灵芝五彩曲水梅花里云龙葵花松竹梅白暗云龙盏。

外云龙五彩满地娇人物故事荷花龙里云龙曲水梅花盆。

双云龙回回花果翎毛九龙淡海水荷花红双云龙缠枝宝相花香炉。

双云梭龙松竹梅朵朵菊花香盒。

双云龙花凤海水兽狮子滚绣球穿花喜相逢瞿鸡相斗。

双云龙花凤海水兽穿花翟鸡狮子滚绣球朵朵四季花醋滴。

双云龙凤草兽飞鱼四季花八吉祥贴金孔雀牡丹花坛有盖狮子样。

万历窑之器，据《陶说》所载，较隆庆为尤多，今具录述如下：

外双云荷花龙凤缠枝西番莲宝相花里云团龙贯口八吉祥龙边姜芽海水如意云边香草曲水梅花碗口。

外云龙荷花鱼耍娃娃篆福寿康宁字回回花海兽狮子滚绣球里云鹤一把莲萱草花如意云大明万历年制字碗。

外团云龙鸾凤锦地八宝海水福禄寿灵芝里双龙捧寿长春花五彩凤穿四季花碗。

外寿意年镫端阳节荷花水藻鱼里底青正面云龙边松竹梅碗。

外双云龙八仙过海盒子心四季花里正面龙篆寿喜如意葵花边竹叶灵芝碗。

外穿云龙鸾凤缠枝宝相松竹梅里朵朵四季花回回样结带如意松竹梅边竹叶灵芝盘。

外荷花龙穿花龙凤松竹梅诗意人物故事耍娃娃里朵朵云边香竹叶灵芝暗云龙宝相花盘。

外团螭虎灵芝如意宝相花海石榴香草里底龙捧永保万寿边鸾凤宝相花永保洪福齐天娃娃花盘。

外缠枝莲托八宝龙凤花果松竹梅真言字折枝四口花里底穿花龙边朵朵四季花人物故事竹叶灵芝如意牡丹花盘。

外穿花鸾凤花果翎毛寿带满地娇草兽荷叶龙里八宝苍龙宝相花捧真言字龙凤人物故事碟。

外缠枝牡丹花托八宝姜芽海水西番莲五彩异兽满地娇里双云龙暗龙凤宝相花狮子滚绣球八吉祥如意云灵芝花果碟。

外长春转枝宝相花螭虎灵芝里五彩龙凤边福如东海八吉祥锦盆堆边宝相花结带八宝碟。

外缠竹叶灵芝花果八宝双云龙凤里龙穿四季花五彩寿意人物仙桃边葡萄碟。

外双云龙贯套海石榴狮子滚绣球里穿花云龙如意云边香草红九龙青海水五彩鸂鶒荷花遍地真言钟。

外蟠桃结篆寿字缠枝四季花真言字里云鹤火焰宝珠暗双云龙荷花鱼青海水钟。

外穿花龙凤八仙庆寿回回缠枝宝相花里团云龙口花鱼江芒子花捧真言字瓯。

外团龙如意云竹叶灵芝五彩水藻鱼里篆寿字加口牡丹花五彩如意瓯。

外云龙长春花翎毛仕女娃娃灵芝捧八吉祥里葡萄朵朵四季花真言字寿带花盏。

外穿花双云龙人物故事青九兽红海水里如意香草曲水梅花翟鸡白姜芽红海水盏。

外双云龙凤里黄葵花转枝灵芝五彩菊花盏。

如意云龙穿花龙凤风调雨顺天下太平四匾头捧永保长春字混元八卦神仙捧乾坤清泰字盒。

异兽朝苍龙如意云锦满地娇锦地葵花方胜花果翎毛草虫盒。

万古长春四季海来朝面龙四季花人物故事盒。

天下太平四方香草如意面回纹人物五彩方胜盒。

人物故事面云龙娃娃面四季花五彩云龙花果翎毛灵芝捧篆寿字盒。

外海水飞狮缠枝四季花长春螭虎灵芝石榴里葵花牡丹海水宝

相花杯。

外牡丹金菊芙蓉龙凤四季花五彩八宝葡萄蜂赶口花里葵花牡丹篆寿字五彩莲花古老钱杯盘。

外云龙海水里顶妆云龙筋盘。

缠枝金莲花托篆寿字酒海。

乾坤八卦灵芝山水云香炉。

外莲花香草如意顶妆云龙回纹香草灵龙灵芝宝相玲珑灵芝古老钱炉。

穿花龙凤草虫兽衔灵锦芝雉牡丹云鹤八卦麻叶西番莲瓶。

团龙四季花西番莲托真言字穿凤四季花葡萄西瓜瓣云龙圣寿字杏叶五彩水藻鱼壶瓶。

云龙芦雁松竹梅半边葫芦花瓶。

花果翎毛香草草虫人物故事花瓶。

山水飞狮云龙孔雀牡丹八仙过海四阳捧寿陆鹤乾坤五彩故事罐。

双云龙穿花喜相逢柤斗。

云龙回纹香草人物故事花果灵芝柤斗。

双云龙缠枝宝相花醋滴。

云龙棋盘。

海水云龙四季花金菊芙蓉檠台。

陆鹤乾坤灵芝八宝宝相花如意云龙烛台。

宝山海水云龙团座攀桂娃娃茈菰荷叶花草烛台。

云龙凤穿四季花翦烛罐。

锦地花果翎毛边双龙捧珠心屏。

锦地云穿宝相花灵芝河图洛书笔管。

八宝团龙笔冲。

麒麟盒子心缠枝宝相花回纹花果八吉祥灵芝海水梅花香奁。

云龙回纹扇匣。

海水顶妆玲珑三龙山水笔架。

蹲龙宝象人物砚水滴。

人物故事香草莲瓣槟榔盝。

锦地盒子心龙穿四季花冠盝。

外盒子心锦地双龙捧永保长寿四海来朝人物故事四季花里灵松竹梅兰巾盝。

玲珑双龙捧珠飞龙狮子海马凉墩。

庆云百龙百鹤五彩百鹿永保乾坤坛。

水藻鱼八宝香草荷花满地娇海水梅花缸。

五彩云龙棋盘。

升降海水云龙笔管。

海水龙盒子心四季花笔冲。

贯套如意山水灵芝花尊。

宝山海水云龙人物故事香草莲瓣烛台。

云龙凤龙四季花翦烛罐。

穿花山水升降龙青云鸾凤缸。

香草玲珑松纹锦四季花香奁。

锦地盒子心四季花果翎毛八宝罐。

云龙回纹扇匣。

玲珑山水笔架。

四季花巾盝。

云龙回纹四季斗。

升转云龙回纹香草缸。

里白外青贯套海石榴瓯。

里白外青对云龙狮子滚绣球缠枝金莲宝相花缸。

青地白花白龙穿四季花笔冲。

青双云龙捧篆寿字飞丝龙穿灵芝草兽人物故事百子图坛。

五彩荷花云龙黄地紫荷花凉墩。

暗花云龙宝相花全黄茶钟。

黄地五彩白外螭虎灵芝四季花香草回纹香炉。

暗花鸾凤宝相花白瓷瓶。

里白外红绿黄紫云龙膳盘。

仿白定长方印池。

以上所述，俱属景德镇之官窑。然当时除官窑之外，民窑之中，亦有绝佳者，兹俱录述于后。

嘉靖、隆庆间，有崔公者，善制陶，其器多仿宣窑、成窑制法，当时以为胜于宣、成，号曰崔公窑，四方争购之。诸器中，惟盏式较宣窑、成窑差大，然精好则一也。其余青彩花色，悉皆相同，为民窑之冠。

明穆宗、神宗时，吴门有周丹泉者，来景德镇造器，技艺之精，一时无两，所制之器，仿古为最精，每一名品出，四方之人，竞出重价购之，千金争市，有供不应求之势，所仿之定器，如文王鼎、炉、兽白戟、耳彝等物，皆逼真，周恒携至苏、松等处，售于博古家，虽善鉴赏者，亦为所惑。又造辟邪，龟象连环组之白瓷印，皆为世所珍重。

明神宗时，有昊十九者，浮梁人，工诗，善画，书法赵承旨，善陶，淡于名利，号壶隐道人，盖一雅人也。所制之器，色料精美，诸器皆佳，以流霞盏，卵幕杯二种，最为著名，盏色明如朱砂，极其莹白，瓷质极薄，能透见指纹，每一枚，重才半铢，四方竞出重价购之，惟恐不得。又善制壶类，其色淡青，如宋之官、哥名器，而无冰纹，其紫金壶，带朱色，皆仿宜兴、时、陈之样，壶底款为“壶隐道人”四字。李日华赠诗云：“为觅丹砂闹市廛，松声云影自壶天，凭君点出流霞盏，去泛兰亭九曲泉。”樊玉衡亦赠诗云：“宣窑薄甚永窑厚，天下知名昊十九，更有小诗清动人，匡庐山下重回首。”观二诗所赞，足见昊十九器之精与名之盛矣。

景德镇有小南街者，明末，亦烧造瓷器，窑小如蛙伏。当时因以其形，呼之为虾蟆窑，土埴黄，体薄而坚，惟小碗一式，色白带青，有绘兰朵竹叶二种，花纹之青花，其不画花者，则碗口周描一二青圈，称为白饭器，又有擎坦而浅色全白者，系仿宋式之碗，皆盛行一时，清初亦然。

以上所述，为明代景德镇之民窑。典雅妍丽，足为官窑之副，此外，各地之窑，如建窑，欧窑等，皆一时之选。

建窑初在建安，后移建阳，宋时已陶，至明，则更有新意，迥非旧制。其器，有紫建，乌泥建，白建三种之别，皆甚精美，而以白建为最佳。昔年法人呼之为“不兰克帝支那”（Blanc de China）（不兰克帝支那，译言中国之白。）可谓为中国瓷器之上品。白建，似定窑，无开片，质若乳白之滑腻，宛若象牙，光色如绢，釉水莹厚，以善制佛像著名，如如来、弥陀、观世音、菩提、达摩等，皆精品也。碗盏之类，多撇口，颇滋润，但体极厚，不过间有薄者耳。乌泥建，除保有宋时之兔毫斑鹧鸪斑等窑化之斑纹外，又有新窑变之斑纹，名为油滴，菊花，禾芒。此种名器，明季自宁波流入日本，日本富人，至不惜以万金争购之，足见其精美矣。

欧窑，烧于江苏宜兴，为明时宜兴人欧子明所创，故曰欧窑。其出品，有仿哥窑纹片者，有仿官、均窑色者，彩色甚多，多花盘、奁、架诸器，其红蓝纹釉二种者尤佳。又制有一种紫色壶，颇著名，然虽陶成，不类瓷器，即今所常见之宜兴茶壶类也。案考宜兴，春秋时，范蠡已陶，中间隔绝甚久，至此始有烧造可闻，嗣后陆续进展，至今日，而宜兴之名大著矣。

横峰窑，在江西横峰县明人瞿志高所创，嘉靖间，因民饥乱，移窑于弋阳之湖西马坑，俗仍呼为横峰窑，亦曰弋器，所制为瓶、罐、瓮、盘、碗之类，皆不甚精。

处窑，为宋章生所烧龙泉窑之旧，明初，移于处州，呼为处器，或仍有呼为龙泉窑者。所制之器，云不甚精，出品，有福禄砧，千鸟，麒麟，天龙寺，浮牡丹等，皆为青瓷，传入日本，颇为日人所喜。

广窑，宋时已烧造，明季，移于广东南海佛山镇，重烧之，用乌泥之胎，仿宋名器均窑之蓝斑器。

许州窑，明河南许州所烧，制磁石为之，颇优美。

此外，河南之怀宁，宜阳，登封，陕州及兖州等处，均另设有新窑，出民间之杂器。

明神宗时，朝臣以君上糜巨费于瓷器，有淫巧无益之嫌，故给事王敬民等，交上疏争奏，罢烧烛台，屏风，棋盘，笔管等件。在朝臣此举，虽属有利于民，然于瓷器本身之发展上，则未免为一小厄。

明季制瓷之人，除上述周丹泉，昊十九等人之外，尚有金沙寺僧等多人，以制壶为最著名，均负盛誉于一时，研究瓷史者，不可不知。

金沙寺在宜兴东南四十里，金沙寺僧者，逸其名，闲静有致，习与陶缸瓮者处，因善陶。时有供春者，为吴颐山之家童，颐山读书金沙寺中，春给使之暇，窃仿老僧，亦陶细土为陶，栗色暗暗，如古金铁，敦庞周正，允称神明垂则矣。世以春姓龚，故又称为龚春。

董翰号后谿，始造菱花式，颇工巧，与赵梁，元畅，时朋，皆明万历时人，称四名家，乃供春之后劲也。时朋之父时大彬，号少山，所制，不务妍媚，而朴雅坚粟，妙不可思。当时陶肆谣云："壶家妙手称三大。"盖谓时大彬，李大仲芳，徐大友泉也。

李茂林，行四，名养心，所制之器，颇朴致。其子李仲芳，为时大彬之高足，所制渐趋文巧，茂林督以复古，仲芳因手一壶示茂林曰："老兄，者个何如？"故俗呼其所作为老兄壶。

时大彬之门，有徐友泉者，名士衡，善制汉方扁觯小云雷提梁卣蕉叶莲芳菱花鹅蛋分裆素耳美人垂莲大顶莲一回角徐子诸款，泥色，有海棠红朱砂紫定窑白冷金黄澹墨沉香水碧榴皮葵黄闪色梨皮诸名，种种变异，妙出心裁。然晚年恒自叹曰："吾之精，终不及时之粗也。"友泉有子，亦工是艺，有大徐小六之称。大彬门人，除李仲芳徐友泉外，尚有欧正春，邵文金，文银兄弟，及蒋伯荂（名时英）四人，制器均颇坚致不俗，蒋后客于陈眉公因附高流，讳言本业，此亦足窥见当时耻视工匠之态。

陈用卿，俗名陈三骏子，制有莲子汤婆钵盂圆珠等，极妍饰工致，款仿钟太傅笔意，落墨拙，用刀工。

陈仲美，婺源人，初，造瓷于景德镇，不出名，弃而之宜兴，制香盒花杯狻猊炉辟邪镇纸，重镂叠利，细极鬼工，其壶，以花果为象，缀以草虫，或作龙戏海涛，伸爪出目，状极挚猛。又善塑观世音像，慈悲庄严，神采欲生。时有沈君用（名士良）者，踵仲美之智，妍巧悉敌，人呼为沈多梳，惜与仲美，俱用心过度，致夭天年。

除上述诸人之外，尚有陈信卿（仿时大彬李仲芳），闵鲁生（模仿诸家），陈光甫（仿供春，时大彬），邵盖，周后谿，邵二孙，（上三人皆万历时人）陈俊卿（时大彬弟子），周季山，陈和之，陈挺生，沈君盛（善仿徐友泉），承云从，沈子澈，（上七人，皆天启崇祯间人）陈辰（字共之工于镌款，突过前人），徐令音，项不损，陈子畦（仿徐友泉最佳，为当时所珍重），陈鸣远（名远，号鹤峰，亦号壶隐，仿古，或云，即陈子畦之子善），徐次京，惠孟臣，葭轩，郑宁侯，（上四人均善模仿古器，书法亦佳美）俱属一时之能手也。

明苏州陆邹二姓，擅制蟋蟀盆，邹氏二女大秀小秀所制者，更极工巧，雕镂精妙，举世无匹。当时当斗蟋蟀，胜负至千金不惜，故蟋蟀盆亦因此而为人所贵重。查宋有舒娇者，亦属女人，以瓷驰名，今二秀亦特精此艺，岂天地灵气，常钟于女子耶。

陶瓷一艺，素为吾国所贱视，学士大夫，非吟风咏月，即谈道言性，对于陶瓷贱艺，鲜有言及，自明，因陶瓷作者，常客食于士大夫，而器又精巧，为士大夫所赏玩，故稍稍有言及之者，如项子京《瓷器图说》，屠隆《考盘余事》，黄一正《事物绀珠》，张应文《清秘藏》，谷应泰《博物要览》等书，皆品瓷之创作也。而项子京《瓷器图说》一书，尤属彬彬美备，译有英法各国文，西人考瓷者，皆以是为蓝本。

总揽有明一代之瓷器，实可谓最繁盛之时期，其大器，有鱼缸，其薄器，有脱胎，可映见指纹，颜色，有青花，祭红，回青等，五彩，则有两面夹彩，锦地等，花纹，则有西番莲，八吉祥，回回文等，种种名目，不胜指屈，足为我国之工艺争光，吾人今日，遥想甚盛，犹不胜其艳羡也。

本章参考图书

《阳羡名陶录》 吴骞编
《景德镇陶录》 卷五、卷七、卷八 蓝浦著 郑廷桂补辑
《古窑器考》 梁同书著
《窑器说》 程哲著
《陶说》 卷六 朱琰著
《饮流斋说瓷》 许之衡
《长物志》 卷七 文震亨撰
《中国美术》 波西尔著 戴岳译
《中国美术史》 大村西崖著 陈彬龢译
《陶器の鉴赏》 今田谨吾著
《世界美术全集》 第十八卷 平凡社编印
《支那陶瓷の时代的研究》 上田恭辅著
《支那青花瓷器》 横河民辅著
《陶器图录》（支那明清） 仓桥藤治郎著

R.L. Hobson: A Catalogne of Chinese Pottery and Porcelain in theDavid Collection.

【第十二章】

清时代

明末，流寇四起，李自成陷京师，明崇祯自缢，以身殉社稷，吴三桂以陈圆圆故，因召满清之兵入关，于是中原复入异族之手，垂二百余年，至革命军兴，清室之运命，方始告终。

清代瓷器，亦以景德镇为中心，景德镇自明末为李自成所残毁，窑户破散，凋零实甚，至清顺治十一年，始改明之御器厂为御窑厂，为景德镇御窑一部分之恢复，惜为时不久，至顺治十七年，即行中止，故顺治之器，不甚著名，今可考者，仅雍和宫佛座前之香炉，为釉里青，描写云龙，上楷书“顺治八年江西监察奉敕敬造”及宫内所存绘五彩青龙之大碗等数种而已。顺治十一年，虽命造龙缸栏板等器，然恐累民，未成而止。至康熙时，始渐次将景德镇之御窑，完全恢复，足以媲美明代之盛，故吾人述清代之瓷，当以康熙时始。

康熙十七年，派遣内务府官，驻厂督造，进供御用，一面模仿古代名瓷，一面发明新意，工良器美，艳称一时。所制之器，如仿古礼器之尊、罍、彝、卣、觯、爵之属，与砚屏墨床，画滴，画轴，秘阁，镇纸，笔管，笔洗，笔床，笔格，笔筒，龟蛇龙虎连环等组之印章，印色池，尊觚，胆瓶，及截半挂壁之花器盦壶，瓷床，瓷灯，与呼为蛋皮风极薄之脱胎器，范为福字或寿字形之壶等类，俱无不精美。至于定、汝、官、哥、均诸窑，及明代之精品，靡不仿造，惟妙惟肖。又新创有一种“素三彩”者，尤为最名贵之器，所谓素三彩，乃在素烧之胎上，施以绿，黄与淡紫色之茄紫色三种颜色，使发一种美丽之光泽，而不施敷釉药于上，故名素三彩也。其色，则霁红、矾红、珊瑚、桃花、粉青、葱青、豆青、天青、鹦哥、羊肝、猪肝、茄瓜、葡萄、鹅黄、蜡黄、鳝皮、蛇皮绿、金酱、老僧衣、海鼠、鳖裙、古铜、乌金、虎皮、铁棕、鼻烟、茶花、月白、甜白各种，而棕眼，橘皮，蟹爪诸纹，亦无不悉备。诸色之中，尤以天青釉为最著名，考天青一色，成功于柴窑之雨过天晴，康熙之仿制者，则集天青之大成，幽淡隽永兼而有之。往往于淡隽之中，有浓蒨之小点，最为可爱。又有洒蓝积蓝者，洒蓝乃先上一层白釉，再上一层蓝釉，覆上一层薄釉。最后乃加绘以金彩云龙，奕奕如生。积蓝亦名霁蓝，乃将颜色与水融和，挂于瓷胎之上，釉比洒蓝为厚，而色则大致相同。总之，康瓷诸色，华贵深浓，釉敷其上，微微凸起，所谓硬彩是也。康瓷之装饰，亦甚精美，其金银漆黑杂色之地，兼施以人物，山水，花鸟各种写意之绘画，与凸花，暗花，花果，象生之雕刻，各种具备。此外，琢玉，髹漆，戗金，螺钿，竹木，匏蠡各种之形，亦俱能模仿维精，诚可谓尽进化之神秘，极文明之极轨矣。康熙瓷上之绘画，实为有清一代之冠，皆有名家笔法，其所画人物，则似陈老莲，萧尺木，山水则似王石谷，吴墨井，花鸟则似华秋岳，而尤以饮中八仙，十八学士，十八罗汉等画为最佳。康瓷画松树，古干森郁，苍翠欲滴，画法极似唐之李思训宋之赵大年，所配之高士，亦飘然有仙气。康瓷仕女，有绘弓鞋纤趺者，极其精巧，价值千金，然在当时，为雅人所鄙，谓为恶道，盖鄙今尊古，为吾国之传统思想，故对于书法而言，董祝（董其昌，祝枝山）等不如苏米（苏东坡，米南宫），苏米等不如颜欧虞褚（颜鲁公，欧阳询，虞世南，褚河南），颜欧等又不如钟王（钟太傅，王右军），钟王等又不如周秦之钟鼎。于画法中，亦谓四王恽吴（王时敏，王原祁，王石谷，王廉州，恽南田，吴墨井）不如沈黄王吴（沈石田，黄大痴，王蒙，吴仲圭），沈黄等又不如关王吴李（关仝，王维，吴道子，李思训），吴李等又不如顾陆（顾虎头，陆探微），总而言之，愈今则愈俗，愈古则愈雅，对于一切皆然，不仅书画也。今弓鞋纤趺，既为当时之装饰，违尊古之心理，又为妇女之下部，属于猥亵之物，虽内投人心之所好，而外面则不得不以卫道之态度，而斥之为恶道矣。此种尊古鄙今之思想，对于绘画方面，至今犹未铲除，试看现代中国画中，山水之间，大都画以茅屋草阁，或古式楼台，点缀以宽袖大袍古装人物，从未见有画红瓦砖之洋屋，长褂礼帽及西装革履之人物，露肘烫发之摩登女郎，纵偶有之，亦必视为邪魔外道，不登大雅之堂。瓷上绘战争故事者，术语为“刀马人”，盖谓挂刀骑马之人物也，康窑中之大盘，绘两阵战争，过百人之上，极为奇伟可观，亦前代所未有也。历代瓷品，对于书法，素不注重，康瓷对于此项，则极其注意，如康熙之大笔筒，除绘以花卉外，又选古代之名文若《滕王阁赋》《归去来辞》《兰亭序》《赤壁赋》等而书之；又如耕织图之盘碗，每幅各系以御制诗一首，书法均极精美，出入于虞柳欧褚，且有作四体书者，实为前代之所不见。虽康熙时，邑令阳城人张齐冲，禁镇户瓷器书年号及圣贤字迹，以示尊崇，但此种煞风景头巾气之举动，何能敌帝王之欣赏，与人民爱美之心绪，故不旋踵，令即不行。瓷上款识，古人殊不多觏，明代瓷器，则较多款识，至康熙时，则对于此项，亦踵事增华，备极讲究，形式最夥，其有字者，有单圈，双圈，无圈阑，双边正方形，双边长方形，堆料款凹雕，地挂白釉字挂黑釉，地与字统挂一色釉，白地写蓝字，白地写红字，绿地写红字，楷书，篆书，半行书，半行楷，虞永兴体，宋椠体，欧王体，大清康熙年制六字分两行每行三字，六字分三行每行二字，四字分二行省去大清二字，红紫色款，天青色款，湖水色款，沙底不挂釉而凹雕，天字，方阑内不可识之字（似字非字，亦非回回喇嘛西洋等文，乃是一种花押之类，明代亦有此种制法），满清文，回回文，喇嘛文等类，其无字者，则有双圈，秋叶，梅花，团龙，团鹤，团螭，花形，物形，完全无字各种，而以堆料款之器为最佳。又有书景镇康熙年制六字之款者，乃客货也。雍、乾以后，用景镇二字者，殆不之见。此外，康熙十二月花卉之酒杯，于题句用一赏字印章之款识，亦觉特别。康熙御窑之督理官，系臧应选，臧氏在位数十年，精心擘画，故能产生上述各种之物品，世人至称之为臧窑。惟吾国人，常喜以神话，附会奇能异质之人，《风大神传》载：臧公督陶，每见神指画呵护于窑火中，则其器宜精美云云，盖因臧善窑，遂谓其有神助耳。康熙时，有江西总督郎廷佐（诸书或作廷极，或作廷助）所造之器，模仿成、宣，釉水颜色橘皮棕眼款字，均极酷肖，世人称之为郎窑（乾隆时之郎世宁，另是一人，后再详），郎窑之中，有一种红色者，名最著，称为玉红。郎窑，法人名之曰氯帝泼夫（Sang de Boeuf）（案氯帝泼夫，译为牛血，盖形郎窑器如鲜红之牛血也），其色堪与宣德时祭红相匹，考核郎窑，系把铜釉还原焰烧成。常起铜矽酸之作用，变成种种颜色，可以成青、赤、绿、紫黑、白等色，不仅玉红一种也。又康熙时，景德镇有歙人吴麐（字粟园）者，专于绘瓷上山水，灵腕挥来，如有神助，亦为一时之名匠。

吾国古代政权，操于贵族之手，秦以后，封建制度，已经破坏，于是贵族之政权，渐次落于人民中新兴之知识分子之手，而形成一种士大夫垄断政权之现象，所以手足不勤，五谷不分，游手坐食，读书人之地位，非常高尚，故语云："万般皆下品，惟有读书高。"读书人之地位，既超越一切，（资本主义兴，士大夫之地位已被打倒，而为资本家所替代。故现今士大夫，已无复先前之地位。）故在当时，一切非士大夫之阶级，如戏子、渔夫、娼家、音乐师、理发匠、商人、工人（陶工包括在内）均居贱民之列，为士大夫所不齿，清雍正时，乃下解除贱民之谕，宣布四民平等，于是居于贱民之陶工，藉帝王之威力，一跃而为工艺家，脱离其贱民之地位，而所谓上等人之士大夫，亦渐肯加入其中，运其巧思，故雍正瓷业，受此影响，颇有进展。雍正御窑厂之督理官，为督理淮安板闸关之年希尧。（关于年希尧之传说有多种，有误为年羹尧者，有误为严希尧者，然查年羹尧，并无监督瓷厂之事。至严希尧，则根本无其人，更无监厂之事，各书所载，又多作年希尧，故定为年希尧，且据风火神庙碑记云："年公希尧云，予自雍正丁未之岁，曾按行至镇，越明年，而员外郎唐侯来偕董其事，工益举而制日精，予仍长其任，一岁之成。选择色甌，由江达淮，咸萃予之使院，转而贡诸内庭焉。"其所记述，尤足资以证明为年希尧而无误）而唐英、刘伴阮，先后为其协理，选料奉造，极其精雅。琢器多卵色，圆顺莹素如银，皆兼青彩，或描锥暗花，玲珑诸巧样，甚为美观。当时所发明之色釉，最佳者，有胭脂水一种，胭脂水者，谓釉色如胭脂水也，其器，胎质极薄，里釉极白，因为外釉所映照，故发出一种美丽之粉红色，娇嫩欲滴。当时，又发明各种之"软彩"颜色，为从前所未有，软彩，即粉彩，艳丽而雅逸，非但当时风播一世，即至现在，犹尚盛行。自唐以来，素尚青瓷，如越窑，秘色，柴窑等青瓷，均极为历代所注重，自定器以白瓷著，均器以彩色称，青瓷之地位，乃渐为他瓷所侵夺，至明，瓷之趋势，注意于彩色与花纹，专务华美，青瓷之地位，更形衰落，康熙时间，对于青瓷，亦有制作，而雍正所仿宋代青瓷，则超过康熙，为数百年抑郁之青瓷吐气，可谓为成功之作品，与宋汝器相埒，此种青瓷，流传于日本，甚为繁伙，日本无智之古董界，呼之为宁窑。雍正瓷上装饰，亦甚可观，有一器之上描写百鹿者，有黑地赤绘者，有黄地赤绘者，有黄地绿画者，有于纸薄之瓷上雕以精密之云龙者，有绘以彩凤，金鱼，翠竹，碧桃，灵芝，蝙蝠等物者，不胜枚举。所画花卉，纯属恽南田一派，没骨之妙，足以上拟徐熙（徐熙五代人，首创没骨花卉，与黄筌齐名；清代花卉大家恽南田，师其规范，极得神髓），其草虫尤奕奕有神，天机活泼，宛如生物。雍瓷之绘画，除承袭前代所遗留之外，总觉前人遗产太少，不足厌其欲望，故又有绘剧场装者，其须必为挂须，或作小丑状，盘辫于顶，或描写当时袍帽之装束，极其诙诡之态，穷其新异之思，此在前人，虽认为恶习，然能不囿死于古人之下，气雄胆壮，发挥其一时之特性，实足尚也。过枝花（过枝者，花枝自彼面达于此面，枝叶仍相连属）自明成化时，已创此法，雍瓷之杯碗，多继承其轨范，颇雅隽可玩。考雍瓷，喜仿成化，康瓷，喜仿宣德，盖宣、成二代，为有明最盛之时，且为古以来瓷业发达之最精彩时代，故清初康、雍之际，多仿此二代之作品也。雍瓷一代款识之形式，虽较康熙为少，然其有字者，亦有六字双圈，四字无边阑，四字方边，六字凹雕，四字凸雕，六字单圈，双边正方形，双边长方形，地挂白釉字挂黑釉，地与字统挂一色釉，白地写红字，白地写蓝字，楷书，篆书，虞永兴体，宋椠体，图书款，方阑内不可识之字，满清文，回回文，喇嘛文，其无字者，则有双圈、秋叶、团龙、团鹤、团螭、花形、物形、完全无字各种，大抵多承康熙之旧，所制不甚相远。康熙雍正之瓷器，又有一种不书朝代款，而书明代之款者，盖系仿明瓷之作品，欲其酷似，故将其款识，亦完全模仿也。大抵康熙则书明宣德款为多，雍正则书明成化款为多。雍瓷中，又有仿明代花藏款字之法，于外脂水内粉彩之杯底，画一桃形，桃内藏“雍正年制”四字，在清代瓷器，颇属罕见。

乾隆时代之御窑厂，为内务府员外郎唐英所督造，而刘伴阮副之，至乾隆中叶，唐英去职，刘乃继任，刘氏历副年唐，经验丰富，任陶监之后，更肆其智力，督造精品，惜刘氏年已老迈，任职未久，遽尔逝世，不克展其怀抱。又其时，有意大利人郎世宁者，供奉内庭，擅长西法，来中国日久，又审中国画法，当时郎之画风，极为风靡，而其时，洋瓷渐形充斥，其瓷上绘画，若圣母像等，诚非吾国所习见，瓷上绘画，受此二种影响，于是仿用洋彩，规模西法，以达其新奇之欲。贾人辈，不学无术，因郎世宁驰名，遂谓康熙时之郎廷佐为郎世宁，而以郎窑之名属之，其实郎世宁，并未设窑，不过因其供奉内廷，故造此谬说耳。乾隆瓷器，除模仿前古与各省名窑及东西洋瓷之外，又注意于玉、石、竹、牙、木、鱼、贝、鸟、兽、玳瑁、花、草之类，一一模仿之，必使其酷似而后已。如仿木制之器，木之理纹色彩，均极肖似，远望之，俨如木制，其他仿各种之品，亦均称是，可谓精矣。又乾隆贡品中，有瓷折扇，乃如纸薄之陶片，贴绢代纸，束纽装订，恰如象牙细工之扇子，虽风不大，无俾实用，但其手工之妙，可谓绝伦。乾隆时代，所制之瓷，据唐英陶成纪事碑所载，仿古采今，宜于大小盘、碗、钟、碟、瓶、罍、尊、彝等器，岁例贡御者，有五十七种：

仿铁骨大观釉，有月白粉青大绿等三种，俱仿内发宋器色泽。

仿铁骨哥釉，有米色粉青二种，俱仿内发旧器色泽。

仿铜骨无纹汝釉，仿宋器猫食盘，人面洗色泽。

仿铜骨鱼子纹汝釉，仿内发宋器色泽。

仿白定釉，只仿粉定一种，其土定未仿。

均釉，仿内发旧器玫瑰紫海棠红茄花紫梅子青骡肝马肺五种外，新得新紫米色天蓝窑变四种。

仿宣窑霁红，有鲜红宝石红二种。

仿宣窑霁青，色泽浓红，有橘皮棕眼。

仿厂官窑，有鳝鱼黄鱼皮绿黄斑点三种。

仿龙泉釉，有浅深二种。

仿东青釉，有浅深二种。

仿米色宋釉，系从景德镇东二十里外，地名湘湖，有故宋窑址，觅得瓦砾，因仿其色泽款式，粉青色宋釉，其款式色泽同米色，宋釉一处觅得。

仿油绿釉，系内发窑变旧器，色如碧玉，光彩中斑驳古雅。

炉均釉，色在东青釉与宜兴挂釉之间，而花纹流淌，变化过之。

欧釉，仿旧欧姓釉，有红蓝二种。

青点釉，仿内发广窑旧器色泽。

月白釉，色微类大观釉，白泥胎无纹，有浅深二种。

仿宣窑宝烧，有三鱼三果三芝五福四种。

仿龙泉窑宝烧，所制有三鱼三果五福四种。

翡翠釉，仿内发素翠青点金点三种。

吹红釉。

吹青釉。

仿永乐窑脱胎素白锥拱等器皿。

仿万历正德窑五彩器皿。

仿成化窑五彩器皿。

仿宣花黄地章器皿。

新制法青釉，系新试配之釉，较霁青浓红深翠，无橘皮棕眼。

仿西洋雕铸像生器皿，五拱盘碟瓶盒等项，画之渲染，亦仿西洋笔意。

仿浇黄浇绿堆花器皿。

仿浇黄器皿，有素地堆花二种。

仿浇紫器皿，有素花锥花二种。

锥花器皿，各种釉水俱有。

堆花器皿，各种釉水俱有。

抹红器皿，仿旧。

采红器皿，仿旧。

西洋黄色器皿。

彩制西洋紫色器皿。

新制抹银器皿。

新制彩水墨器皿。

新制山水人物花卉翎毛，仿笔墨浓淡之意。

仿宣窑填白器皿，有厚薄大小不等。

仿嘉窑青花。

仿成化窑描淡青花。

米色釉，与宋米色釉不同，有深浅二种。

釉里红器皿，有通用红釉绘画者，有青叶红花者。

仿紫金釉器皿，有红黄二种。

浇黄五彩器皿，此种系新式所得。

仿烧绿器皿，有素地锥花二种。

洋彩器皿，新仿西洋珐琅画法，人物山水花卉翎毛，无不精细入神。

拱花器皿，各种釉水俱有。

西洋红色器皿。

新制仿乌金釉，黑地白花黑地描金二种。

西洋绿色器皿。

新制西洋乌金器皿。

新制抹金器皿。

仿东洋抹金器皿。

仿东洋抹银器皿。

据上所述，可见乾隆之瓷器，一面保留古代之精华，一面吸收东西洋之艺术，一面又有新意之创造，可谓集瓷器之大成矣。乾隆瓷上之绘画，以十分之，大略洋彩画样占十之四，写生占十之三，仿古占十之二，锦段占十之一。其花卉画法，属于蒋南沙、邹小山一派，花文兼施以规矩之锦地，且参加几何画法，错彩镂金，穷妍极巧。其满画花朵，种种色色，其形不一者，称为万花，以黑地者为最可贵，黄白地者亦可珍，华腴富丽，恍见党太尉貂裘羊酒之风。乾隆瓷上人物之工致，亦绝无伦比，举魏晋以来暨唐人小说及《西厢》《水浒》之故事，皆绘画之，几于应有尽有，穷秀极妍，足称佳妙，余如水涌金山等不经之事实，亦取以入绘，盖争奇斗巧，踵事增华，势必至此也。此外，又仿洋画，绘碧瞳卷发之泰西男女，精妙无匹，西商争购，价值奇巨，又有绘八蛮进宝，群蛮校猎等画者，亦极佳妙。雍正之瓷，始画剧装，乾隆继之，亦间画剧场装束，又绘小儿游戏，作清朝时装。拖小辫，画笔工细，小儿活泼，殊为可喜。考以前绘五彩人物，以蓝笔先画面目衣褶，后乃再填以五色，至是，则用写照法，用淡红描面部凹凸，传神阿堵，极形活跃。乾隆瓷中，有所谓“古月轩”者。极为名贵，于工致中饶秀韵之逸气，真尤物也。盖古月轩，乃乾隆宫中之轩名，当时，选景德镇之胎入京，命内庭供奉画工，绘于宫中，而后开炉烘花。画者非一人，若董邦达、蒋廷锡、焦秉贞之流，皆曾画之，董、蒋虽非画工，专供内庭，能雅善画事，遇有精胎，自必诏之绘画，以成双绝也。古月轩之画，有题句上下有胭脂水印，上一印，文曰佳丽，或曰先春，下方印二，文曰金成曰旭映者，盖供奉内庭，专于画器之画工金成字旭映者也。当时所制不多，同时即须饬工仿制，故仿古月轩者，亦乾隆时物，价值亦相埒。（关于古月轩，尚有多种之传说：有谓古月轩乃胡姓人，精画料器，所画多烟壶水盂之类，画工极细，一时无两，乾隆御制，乃取其料器精细之画而仿制之者。有谓古月轩，乃清帝之轩名，康熙雍正乾隆诸代，最精之瓷器，俱藏庋于此轩，故以此得名也。然此种传说，皆不可靠，故悉不取。）乾隆之款识，与雍正又小异，其有字者，有六字双圈，六字单圈，六字无边阑，四字无边阑，四字方边，双线正方形，凹雕，地与字统挂一色釉，白地蓝字，绿地红字，绿地黑字，楷书，篆书，欧王体，宋椠体，宋体书，图书款，沙底不挂釉凹雕，满清文，回回文，喇嘛文，西洋文，其无字者，有印花，团花，完全无字各种。明成化所制鸡缸，为一代之精华，康熙乾隆各朝，均有仿制，以乾隆为最精，上题御制诗，有“乾隆丙申御题”字样，款识为篆书“大清乾隆仿古”六字，题诗之字，分二种，一种较小，体近虞王，一种较大，颇似颜鲁公，鸡缸亦有大小二种，其小者尤为可贵。乾隆间有一种杯碗，专录御制五古诗于其上，而无画，亦有某朝御题字样，下有胭脂小方印，楷法精美，亦属佳品。

嘉庆继乾隆之后，因国家太平，渐染懒怠文弱之习，无奋发进取之朝气，故其瓷器，较之乾隆末年，仅属虎贲中郎之似，能存典型而已。惟其仿制之万花瓷品，则花之大小偏反，各极其致，可称佳品。又有一种茶杯，盖杯外题御制咏品茶诗，诗为五律，而杯与盖之中心绘花，亦属可珍，其瓷上有画以楼台，书有地名者，多为西湖景及庐山景，若所绘为海洋景或羊城八景者，则粤人之定制品也。此类瓷画，道光时，亦多有之。道光时代之瓷器，虽仍承乾隆之遗绪，然比嘉庆时代，则较有朝气，其所绘之人物颇为精致，近于改七芗，惟好于人物之旁，位置琴棋书画之属，且题诗于其间，或书传于其后，其所画之无双谱，则题识尤伙，如画数人物，则每人系以一小传，分占其器之半，自以为岸然道貌，存论世知人之意，而不知此种不知配景布局之作品，多样而不统一，七零八落，徒将画面之美损坏无遗，致令精致之人物于以减色，煮鹤焚琴，岂不大煞风景耶。道光时之草虫，最喜画螳螂，花卉，则喜作八宝碎花，至折枝花卉，亦颇饶雅韵，略似雍正。道光时，又喜用稗官故事，画五毒而兼人物亦可谓别开生面。嘉、道以后之款识，大略沿用前朝诸式，有减而无增，渐次趋于一致，间有楷书，即前所云六字分两行分三行二种也，至四字楷书，省去大清二字者，嘉、道时，亦甚罕见，惟篆书有之耳。篆书之款，自乾隆至同治，均居大部分，篆书有二种，一种无边阑字，或红或蓝不等，一种有双边，红字者居多，此即俗所谓之图书款也。

咸丰时代，为瓷器之一大厄运，政府方面。既蒙尘于热河，又遭洪、杨之蹂躏，连年兵革，百事俱废，瓷业本身方面，则产瓷中心之景德镇，又为洪、杨破坏无余，故清代瓷业之不振，未有甚于此时者也。既乎同治借曾国藩等之力，削平洪、杨，江南各省，复归掌握，而此时，中兴重臣李鸿章，出银十三万，修复景德镇之御窑，清室亦稍出国币，派员监督，瓷业始呈转机之势。同治时代之御瓷，不甚著名，此盖由于宫内瓷库收藏不多，而市场之出现亦稀之故也。然据日人上田恭辅所著之《支那陶瓷时代的研究》所载，则同治御窑之作品目录，有五十五种，颇有佳者，兹译述如后，以供参考。

仿造均窑管耳方壶。

仿造哥窑管耳方壶。

仿造哥窑八吉祥纹方壶。

霁红釉水注。

染附浮模样水注。

染附格子模样水注。

太极纹花瓶。

象模样方壶。

茄紫釉龙纹中形碗。

积红釉中形碗。

西莲纹霁青大碗。

西莲纹霁青釉五寸皿。

鹤及八卦纹中碗。

水仙花杯（珐琅釉）。

赤龙纹马上杯。

染附双龙纹一尺皿。

黄褐釉龙纹大碗。

同釉暗花龙纹樽形碗。

黄釉茶碗。

黄釉龙纹雕刻中碗。

染附佛手柑桃石榴模样中碗。

黄釉凹刻龙纹碗。

染附龙纹六寸碗。

染附寿字一尺皿。

染附花模样茶碗。

珐琅釉宝莲花中碗。

珊瑚釉白地竹模样茶碗。

同上中碗。

染附虎溪三笑六寸皿。

染附青海波绿釉龙纹六寸皿。

染附神代模样凤凰纹一尺皿。

染附浮云地黄釉龙纹一尺皿。

白地宝石红凤凰纹中碗。

染附黄釉云龙纹茶碗。

积红釉六寸皿。

霁青釉中碗。

积红釉九寸皿。

金酱釉桶形大碗。

豆青釉赤绘凤凰纹中碗。

珐琅釉如意及卷物纹九寸皿。

莲及鸳鸯纹茶碗。

宝蓝釉绣花茶碗。

五彩八宝纹茶碗。

青与赤之珐琅釉八仙纹大碗。

外边染附莲花内部白釉中碗。

染附吉祥纹中碗。

红地绿釉模样大碗。

黄地绿及茄紫釉龙纹五寸皿。

同上三寸皿。

绿釉四番型碗。

云中凤凰纹五寸皿。

珐琅什锦凤龙纹中碗。

黄地绿釉龙纹五寸皿。

八吉祥纹九寸皿。

古代模样莲花凤凰纹大碗。

光绪时代，瓷业复兴，许之衡《说瓷》云："近日仿康熙青花之品，亦有极精者，其蓝色，竟能仿得七八，至一观其画，乃流入吴友如、杨伯润之派，不问而知为光绪器矣。若仿乾隆人物，至精者，颇突过道光，盖与乾隆已具体而微，其所差者，乃在几希耳。据许氏所述，光绪时之瓷器，虽不能恢复康、乾旧观，然亦具体而微，相差无几矣。光绪初年，景德镇有歙人程雪字笠门，极善画山水与花鸟，花鸟娇媚，山水灵秀，颇为人所奖赏，呼为一等画工。

宣统时代，与光绪末年，无大差异，民国初年，袁世凯之洪宪时代，其瓷与宣统相似。光绪末年至宣统时，景德镇有江西瓷业公司，又设分厂于江西之鄱阳，研究新法，以资改良，质品式样，均属可观，惜因经费不足，支持数年，终归失败。宣统二年时，江西瓷业公司总经理康特璋，向当道接洽，得直隶、湖北、江苏、安徽、江西五省当道之协款，成立中国陶业学校，附设于江西瓷业公司饶州厂内，内设本科及艺徒二班，其目的在改良瓷业。宣统二年新建黎勉亭，用钢钻及钻石，于已烧成之瓷片上，刻画人之形状，颇能真肖，民国四年，袁世凯迎请黎氏居于北平，为英王乔治刻像，越六月而成，神形逼肖，毫发皆似。

此外，各地之窑，虽不能与景德镇之御窑相比并，然亦一时之杰，足为御窑之附庸也。

广东广窑，模仿洋瓷，甚绚彩华丽，乾隆唐窑曾仿之，又尝于景德镇，贩瓷至粤，重加绘画，工细殊绝，以销售外洋。窑址在广东南海县佛山镇。

山东博山窑，继续出产。

江苏宜兴窑，自有明以来，继续出产，且骎骎日胜，驰名于世。

福建建窑，出产白瓷，颇为著名。

其余较小之窑，自明至清，烧造瓷器者，有下列各窑：

陕西景村镇窑

陈炉窑

山西大谷窑

河北武清窑

甘肃陇山窑

四川成都窑

河南彭城窑

陕州窑

汝宁窑

怀宁窑

宜阳窑

登封窑

湖南龙山窑

醴陵窑

安徽祁门窑

白土窑

肃窑

江苏欧窑

鼎山窑

蜀山窑

象山窑

山东淄川窑

临青窑

兖州窑

峄窑

邹窑

福建石码窑

厦门窑

同安窑

安庆窑

广东钦州窑

潮州窑

石湾窑

江西泰窑

横峰窑

邵武窑

上述各地之窑，内中之醴陵窑，鼎山窑，蜀山窑，象山窑，潮州窑，石湾窑，佛山窑，博山窑，宜兴窑，建窑，则至民国时代，亦仍旧继续制造。

清代瓷器中，有但书大清年制，不书朝号者，乃同、光时，肃顺当国时所制之品也。时，肃顺势焰熏天，有非常之志，监督官窑者，恐旦夕之间，有改元易朝事，故阙朝号以媚之，此亦瓷史上一段掌故，不可不知也。

清代瓷款，有以堂名斋名者，大抵皆用楷书，其制品之人，可分四类如下：

（一）帝王

（二）亲贵

（三）名士达官

（四）雅匠良工

其属于帝王：康熙时，有乾惕斋，中和堂；乾隆时，有静镜堂，养和堂，敬慎堂，彩华堂，彩秀堂，古月轩，皆内府堂名也。其属于亲贵者：康熙时，拙存斋，绍闻堂；雍、乾时，有敬畏堂，正谊书屋，东园，文石山房，瑶华道人，红荔山房，友棠浴砚书屋；乾、嘉时，有宁静斋，宁晋斋，宁远斋，德诚斋；嘉、道时；有慎德堂，植本堂，行有恒堂，十砚斋，籊竹主人，文甫珍玩。其属于名士达官者：则乾隆时之雅雨堂制，卢雅雨故物也，玉杯书屋，董蔗林也，听松庐者，张南山也。其属于雅匠良工者：则有宝啬斋，有陈国治，有王炳荣，有李裕元。又康熙时，有深珍藏；乾、嘉时，有略园，荔庄，坦斋，明远堂，百一斋，道光时，有听雨堂，惜阴堂，其主制者皆未详，大略系亲贵及名士达官之制品。以上所述，除古月轩之制品为最有名，已详述在前外，其陈国治、王炳荣，则精于雕瓷，所雕之花，深入显出，于精细中饶有画意，甚为有名。

至于亲贵中之制品，以慎德、绍闻、clipboard竹为最佳。clipboard竹制品，又以大小茶杯碗为最精，盖制者，系一嗜茶雅士也。清代有一种器品，以豆青地黑线双钩花者为最多，五彩者亦有之，所绘多牡丹，萱花，绣球之类，豆青地者，横题“大雅斋”三字，旁有“天地一家春”印章，底有“永庆长春”四字，亦有大雅斋三字在底者，盖清孝钦后之制器也。

关于陶瓷专书之撰述，清乾隆三十九年朱琰作《陶说》，开其端绪，其后，吴槎客作《阳羡名陶录》，蓝浦作《景德镇陶录》，程哲作《窑器说》，梁同书作《古窑器考》，唐英作《窑器肆考》，及寂园之《陶雅》，许之衡之《饮流斋说瓷》等书，皆专述陶瓷，研究瓷史者，俱不可不读者也。

本章参考图书

《陶雅》 寂园叟著

《饮流斋说瓷》 许之衡著

《古窑器考》 梁同书著

《景德镇陶录》 卷五 蓝浦著

《小山画谱》 邹一桂著

《中国画学全史》 郑昶编著

《中国美术》 波西尔著 戴岳译

《中国美术史》 大村西崖著 陈彬龢译

《支那陶瓷の时代的研究》上田恭辅著

《支那陶瓷の染付模样》 上田恭辅著

W.G.Galland: Chinese Porcelain.

R.L.Hobson: A Catalogue of Chinese Pottery and Porcelain in the David Collection.

【第十三章】

民国时代

民国成立以来，对于陶瓷，另辟一途径，于北平、山东、山西、江苏、浙江、广东、广西、江西各省，相继设立陶业研究机关，不过因内战频仍，经费支绌，旋兴旋废，致无成绩可资言述。惟艺术方面，则不无进步，就景德镇而言，玲珑精巧之雕塑，辉煌奇丽之绘画，固极可观，即釉之白皙，亦非曩昔之白釉可比，然此，系指纯粹之美术品而言耳。美术品虽属精良，但因价格高贵，故销售甚少，不合乎普通工业品生产费须低廉制品须精良之原则，所以不能与新兴之外瓷相敌。虽有采用手动碎釉机，及石膏模型铸坯法，雾吹器吹釉法，刷花法，贴花法等，不无裨益，然效力不大，无济于瓷业之盛衰也。

民国时代，产瓷最盛之区，仍属江西之景德镇，故首述之。景德镇人口约三十万，从事于与瓷业有关系者约三分之二，专事于制瓷之工人，约十分之一，制品之种类，自屏风、花瓶、帽筒种种装饰品，以至于碗、碟、杯、坛等之日用品，无不俱全。中国内地各省，南洋、欧、美各国，均为其销售之地。出产最盛之时，为民国十六年以前，平均每年总值约在一千万元（见二十二年，一月二十三日《申报》），据十七年统计，共有窑一百三十六座，座额为六百六十万零四千五百一十八元（见江西陶瓷沿革）。民国二十一年，据陶务局之调查，瓷业行类，总数计二十三家，资本一百五十三万五千八百八十五元，全年出产总值，五百六十万零六千一百五十一元，与十六年以前较，减少四百余万元，与十七年较，减少亦在一百万元，年年减少，一落千丈，有心之士，蹙然忧之，故民国十八年一月，设立江西陶务所一所，以为改良整理之机关，二十三年，全国经济委员会江西办事处，发表发展瓷业计划，最近江西各界，又有种种提倡国瓷运动，此皆欲挽景德镇垂危之瓷业也。按景德镇之瓷器，粗货较多，烧窑用松柴，成本太重，制造之法，完全旧式，手续过繁，绘画色彩亦不甚讲求，兼又值此资本主义没落之日，世界经济崩溃之际，又加以匪患苛税，种种摧残，以此之故，所以日无起色，为今之计，除不属于瓷器本身之事件，听诸于政治及其他力量解决之外，若烧窑改用煤炭，做坯采用机器，砖窑改用倒焰式，瓷土原料加以精制，绘画色彩讲求美化，皆属瓷业本身之事件，当急于改良，不可迟缓者也。

江西南昌，民国十七年秋，江西省政府，筹设工业试验所，至民国十八年春正式成立，租南昌市进贤门外民房为所址，二十年一月，将景德镇之陶务局，迁并南昌工业试验所，所址迁于德胜门外铜元厂，内分化学陶业二股，瓷品制法，多仿东西洋，制品多为电线碍子，化学所用蒸发皿坩埚等，并试验铜版釉下印花，成绩尚属可观。至民国二十一年秋，将陶业股划出，另名江西陶业实验所，二十四年春，又将陶业实验所迁回景德镇，改名陶务局。

江西鄱阳县，瓷业历史，出产额量，均不如景德镇，其所用之原料，则与景德镇无异。该县有陶业学校一，校址在江西瓷业公司内，校中设备，颇为完全，其彩绘花纹多新式，且能制铜版印花，其出品，曾在圣路易博览会受奖牌不少。民国二十三年，迁移九江，因九江交通便利也。

江西萍乡县之上埠地方，有瓷业公司一所，与景德镇瓷业公司同时成立、出产瓷器，所制全仿景德镇，花瓶花插等类，于乳白色或青地上，绘以山水花鸟等之彩画，颇为简洁雅致。

江西万载县去城数十里之遥，有高城白水二市镇，俱产陶瓷，高城出产粗料之陶瓷，制品为大瓮、花缸、花盆、坛罐之类，白水出产白瓷，颇细润莹洁，制品为饭碗、茶具、帽筒、饮食日用之类，亦有青花彩花等之装饰。其烧制之历史，已有二百余年，因僻处赣西，交通不便，且出产不多，近年又为“赤匪”所扰乱，故其名不甚彰。

江西横峰县，旧名兴安，明处州民瞿志高，于弋阳县太平乡陶瓷，嘉靖时，因饥民乱起，乃迁窑于此。该县制品，与景德镇相似。花盆、帽筒等之装饰品，及食器之碗坛类，无不俱全，形色亦极浓艳可爱。

江西九江县，所出之品，与前所述各县不同，属于土器类之砖瓦居多，原料专用土石，以铜瓦及琉璃瓦最著名。民国二十三年，鄱阳之陶业学校，移来九江，瓷器制法，仿东西瓷。现在省府当局，拟办光大瓷厂一所于九江，改良瓷业，预料将来成立之后，必有可观。

民国以来，江西瓷器每年出口之统计，据民国二十三年九月十五日出版，江西省政府经济委员会编辑《江西进出口贸易分类统计》，及民国二十四年七月二十五日出版，江西省政府秘书处统计室编，第五卷第二、三期合刊《经济旬刊》所载：自民国元年至二十三年，其每年出口数量如下列之表。（表中所列之每年出口数，系经过海关之瓷器，其他私运出口之瓷在外。）

江西瓷器每年出口之统计

年别	担数
民国元年	四三、六八五
民国二年	六八、七七四
民国三年	六六、六四九
民国四年	六九、二六二

续表

年别	担数
民国五年	七一、五五七
民国六年	七五、八〇三
民国七年	五六、五五〇
民国八年	四六、七五五
民国九年	四七、〇一四
民国十年	五二、四三九
民国十一年	六四、〇八一
民国十二年	七五、九四七
民国十三年	六六、〇三七
民国十四年	七七、五二一
民国十五年	八二、六一二
民国十六年	一〇三、〇六五
民国十七年	一一〇、四八四
民国十八年	一二七、八六〇
民国十九年	七七、三七四
民国二十年	九八、七九二
民国二十一年	七一、九五一
民国二十二年	五〇、七四三
民国二十三年	三五、二七一

湖南醴陵县，所产之瓷，原极粗糙，自清末，熊秉三等，于醴陵县姜湾地方，发起瓷业公司，附设学校，聘请日本技师，制品全仿日本式，较之旧作，优美甚多，釉药滑润，花彩亦甚雅致，堪称佳品。

江苏常州，所产之瓷，颇著盛名。产品有粗泥、白泥、青泥、黑泥四种，粗黑二泥，近于瓦器，其制品为坛类花瓶等大件，形状粗陋，色多作红色，暗黄或暗紫。白泥一种，为素地乳白色，光泽滋润，制品以盆类溺器等为多。以上三种，多属荆溪所产。至青泥一种，又名紫砂，亦名朱砂，豆砂，香灰，橙黄，海棠，竹叶，则专产于宜兴，宜兴在太湖之畔，与苏州隔岸相对，山川明媚如南宗之画，水路交通，非常发达，自明末时，已产瓷著名，现为上海附近第一窑业地。所制之器，如茶碗、茶壶、酒杯、笔洗、菜碗、饭碗、花瓶、花插、帽筒等类，无不制造，其外面之色，以暗褐色居多，间亦有带暗红者，宜兴之特色，在配合高雅，形状变化，光泽又不强烈，而文字绘画之雕刻，尤为擅长，故东西各国，甚爱赏之，若能设法推广，亦一大利源也。

江苏扬州之瓷，颇类宜兴白器，制品以茶壶、土壶、花插、匙、酒杯等小件为多。其雕刻花纹之法，系画山水花鸟于白色陶器上，用极细之针雕刺之，去其表面之玻璃质，而后以上等之墨填之，甚为雅致，足资玩赏。南京地方，亦多此等雕刻之法。

江苏之江宁，松江，太仓一带，均产非常细嫩之土器，六合县则产砖，供给长江下流一带建筑之用。

上海白利南路，有益丰瓷厂，创于民国二十二年，用机械制造，圆式直焰煤窑，仿西瓷法，制造茶具日用品，其原料，苏州白土为釉，无锡土及江西土为坯质，主要原料，属于国产。上海又有建业、宏业、中兴、中原等厂。建业系民国二十一年所创，产日用品。宏业系民国二十年所创，亦产日用品。中兴系民国十六年所创，产瓷砖。中原系日本人所创办，创自民国九、十年间，产面砖。爱迪生电瓷厂，为英商所办，做电器九门碍子等物，其原料为英产之耐火土球形黏土（ballclay）及苏州无锡之土。泰山面砖公司，亦系英商所办，制造面砖。

南京中央公园前工业学校地址，有中央研究陶业试验厂，为圆式直焰煤窑，专制瓷器人物，为试验性质，非营业性质，所用原料，为江西与南京栖霞山耐火黏土。

实业部在南京，设有中央工业试验所化学工程处窑业组，创于民国十八年，至十九年始设备完全，开始试验，其设备内容，完全新式，开办费约五十余万元，专研究瓷业学理，做各种瓷业工程试验。九一八时曾停办，现正在筹备复业。

山东博山县之东南有黑山，周围四五十里。产优良之长石，所制之瓷，不甚多，为茶具花瓶之类，色作浅黄或深绿，皆为素地，形式作古代式，颇为赏鉴家所爱，该县有启新瓷厂，创于民国二年，初创时，为中英商合办，所用之主要原料，多为英产之球形黏土（ball clay），现在为完全国商所承办，原料亦改用国产，其出品为餐具及少数日用品，颇佳美，可与日瓷相抗衡。民国二十一年，有鹿和兄弟瓷业公司之设立，主办者，为赵增礼氏，独资经营，其瓷质属于硬陶，多模仿西瓷为日用品。

河北天津，出产之瓷为白色，制造茶碗等及各种人物，其人物模形巧妙，色彩艳丽，驰名远近，堪称最佳之美术品。又该地，有实业工厂窑业科，出产花瓶茶碗等类，制法仿日本，色似朝鲜七宝，亦有深紫暗茶等色，甚为雅致。

河北磁县之西有彭城镇，瓷业极盛，有碗窑二百余座，缸窑三十余座，每年产瓷总值，约三十万元，镇之居民，赖此为生者，占十之七八。其产瓷之盛，销途之广，远非唐山、井陉、曲阳等处所能及，制品以碗类及巧货为大宗，销售于河北、山西、山东、河南等省，惟因制造之法，完全旧式，故只供乡农及中等社会之用，亟须设法改良也。

安徽庐江，产花瓶等类，其色，以暗红色或深青色为多，不甚著名。宁国凤阳等处，则产极粗之土器。

福建瓷器之品质，据专家考察，为全国第一，德化县所产，颇似宜兴之白泥，以花瓶、花盆、饭碗等类为最多。其茶碗一类，最为美观，画松竹菊梅等画，光泽适宜，与他省出品异趣。

四川成都，有成都劝业厂，制造洋式瓷器，完全采用日本式，惟产额颇少，名亦不著。

广东之瓷，品质不甚佳，惟产额甚多，每年运往香港等处之瓷器，为数不少。石湾、通海、潮会各地，均产瓷，系仿德国制法，制品，有洋式盘、花瓶等类，色白，绘日本式之山水画。连州地方，则产花瓶、花盆等类，于薄灰地上，绘以青色字画，海阳地方，则产乳白色之素瓷，制品，以佛像为最多，茶碗等类次之。

河南禹州，产大花瓶、鼎、盆、盘等属，有浅黄、绿青色等，悉素地，类以山东、博山之瓷，器不精，颇粗糙，惟产额甚多。

山西平定，出产茶具，不甚佳，名亦不著。

辽宁省沈阳有肇启瓷业公司创于民国十五年，该厂为股份公司，创办人为杜重远，初出之品不佳，后经三年之试验，并聘日本技师数人，制品乃甚精，仿洋瓷，足以并驾齐驱，九一八事变，厂所被兵难，炸为灰烬。

浙江温州龙泉瓷业公司，系官商合办，用倒焰煤窑，采取机器，制造电器碍子，质为硬质陶，又制日用品，瓷色暗黄，装饰多图案花纹，该地尚另有民间小窑多座，用茅柴烧窑，制粗饭碗，色暗不洁。

据民国二十三年国际贸易局调查，吾国陶瓷工厂统计，其数目如下表所列：

省别	厂数	资本总额	年产量
江西	三〇	一、九三五、八四九元（内有六厂未详）	一四、三九五、六八三元（内有七厂未详）
河南	一〇	七〇、〇〇〇	一三、〇九六、〇〇〇件
四川	九	九六〇、八三八	未详
河北	七	一、三一〇、〇〇〇（内有三厂未详）	一七五、〇〇〇块八、四五二〇〇〇件（内有二厂未详）
江苏	四	未详	未详
广东	三	未详	未详
湖南	二	未详	未详
福建	一	一二〇、〇〇〇	未详
山东	一	二七、〇〇〇	五〇〇、〇〇〇件
山西	一	一〇、〇〇〇	未详
辽宁	一	四八〇、〇〇〇	八、〇〇〇、〇〇〇件
吉林	一	三〇〇、〇〇〇	未详
浙江	一	五〇、〇〇〇	未详

上表数字，其准确之程度，当然不十分可信，如上海瓷厂，已不止四，宜兴等处，其数又多于上海，乃表内所示，江苏一省，仅有四厂，足资证明，然大致当不十分相悬远，故录之，以见现在瓷业之一斑。

本章参考图书

《江西陶瓷沿革》 江西建设厅编印
民国二十三年《申报年鉴》《申报年鉴社》编辑
《江西进出口贸易分类统计》 江西省政府经济委员会编辑
《经济旬刊》 第五卷 第二、三期 江西省政府秘书局统计室编

《中国实业志》 实业部国际贸易局编纂

民国二十三年九月 民国二十四年五月《江西民国日报》